人工智能与科学发现

一种哲学探究

王东 ◎ 著

知识产权出版社

全国百佳图书出版单位

—北京—

图书在版编目（CIP）数据

人工智能与科学发现：一种哲学探究/王东著. —北京：知识产权出版社，2023.8
（2023.11 重印）

ISBN 978 - 7 - 5130 - 8867 - 1

Ⅰ . ①人… Ⅱ . ①王… Ⅲ . ①人工智能—研究 Ⅳ . ①TP18

中国国家版本馆 CIP 数据核字（2023）第 151760 号

责任编辑：国晓健　　　　　　　责任校对：王　岩

封面设计：臧　磊　　　　　　　责任印制：孙婷婷

人工智能与科学发现：一种哲学探究

王　东　著

出版发行：知识产权出版社 有限责任公司　　网　　址：http://www.ipph.cn

社　　址：北京市海淀区气象路 50 号院　　邮　　编：100081

责编电话：010 - 82000860 转 8385　　　　责编邮箱：guoxiaojian@cnipr.com

发行电话：010 - 82000860 转 8101/8102　　发行传真：010 - 82000893/82005070/82000270

印　　刷：北京建宏印刷有限公司　　　　经　　销：新华书店、各大网上书店及相关专业书店

开　　本：880mm×1230mm　1/32　　　印　　张：8.875

版　　次：2023 年 8 月第 1 版　　　　　印　　次：2023 年 11 月第 2 次印刷

字　　数：192 千字　　　　　　　　　定　　价：68.00 元

ISBN 978 - 7 - 5130 - 8867 - 1

哲学家和其他人一样，在追求真理中，自由地运用任何方法。哲学没有任何独有的方法。

——波普尔

内容提要

一边是爆炸性全域发展并深度渗入人类社会各个运行环节的人工智能，一边是对于近现代人类文明发展来说至关重要的科学发现活动，两者已经产生交集并不断交融深入。人工智能驱动的科学发现目前发展到何种程度，人工智能会不会或者在什么程度上能替代人类科学家？机器的科学发现是否与人类的科学发现一样，还是能够超越人类的认知达到我们无法理解的层级？这些问题是本书尝试从哲学角度去探讨的。

全书分为3个部分，第1部分从经验的角度考察人工智能尤其是机器学习在科学发现中的作用，分析机器学习当前能够达到的科学发现的层级，综述对于数据和智能驱动科学发现的争论，并提出一个在当前的技术条件下，用机器学习发现新概念和新思想的路径。

第2部分对科学哲学中关于科学理论结构研究进行综述和分析，尝试从一种基于具身数学认知的科学实践哲学的角度分析机器的科学发现与人类科学发现的关系。

第3部分是案例研究，用科学史上经典的科学革命案例——与相对论相关的以太漂移——的历史数据作为训练数据，看机器学习能否在真实的科学发现场景中发掘出新的概念和思想，为第1部分提出的理论提供实证支持。

读者对象：科学哲学专业研究者，及对人工智能哲学和科学哲学感兴趣的读者。

序　言

　　王东的近著《人工智能与科学发现：一种哲学探究》即将付梓。人工智能和科学发现都是当下最热的课题，但把这两者结合起来讨论，还是一件别开生面的事情，有助于引出许多更深的思考。对这本著作的出版，我很乐意表示支持和祝贺。

　　历经数次起伏，人工智能在 2012 年以深度学习为标志再次崛起，借助数据、算法和算力快速发展，并迅速商业落地，在众多领域展现出惊人的能力。在深度学习崛起的十年后，2022 年 12 月，人工智能企业 OpenAI 发布了现象级的聊天对话模型 Chat-GPT❶，再次点燃了人们对通用人工智能的激情。像 GPT－4 这样理解人类语言并具有一定逻辑推理能力的大规模语言模型的问世，预示着通用人工智能时代的到来。人工智能，就像当初的电力、计算机及其网络一样，将成为人类社会新的基础设施。

　　人工智能与科学发现，这两个领域在这十年间也产生了越来越多的交集。可以期待，我们将走向一种基于数据和智能的、更加快速和自动化的科学发现和技术创新。人工智能现在可以精准

----

❶　ChatGPT 在短短 2 个月内累积到 1 亿用户，并打破历史纪录。

预测蛋白质折叠甚至帮助创造新蛋白质，发现新的化学结构，帮助解决量子多体问题。从随处可见的人脸识别，到已经上路的自动驾驶汽车，人工智能已经广泛且深度地渗透到人类社会的各个角落并快速改变我们的生活。随着科研活动中实验仪器的不断智能化，数据的产生和分析也在不断地自动化，在可预见的未来，大部分科学实践流程中的工作都会有人工智能辅助甚至被人工智能代替。

同时，科学发现活动作为近现代人类文明发展的重要驱动力，也在与人工智能的交融中展现出新的活力和可能性。从帮助科学家在大型粒子对撞机的海量数据中找寻上帝粒子，到参与可控核聚变装置的设计和调控，人工智能正在深刻地改变科学研究和技术创新的方式。人工智能不仅可以加速科学计算、分析科学数据和模拟复杂系统，甚至可以基于数据自动地做出科学发现。种种人工智能科学家也被构造出来重新发现历史上的重要科学理论，同时被期待着有一天能够发现新的重大理论甚至获得诺贝尔奖。

《人工智能与科学发现：一种哲学探究》一书正是在这样的背景下应运而生，为我们提供了一个科学哲学的视角去审视这些问题。作者梳理和分析了人工智能应用于科学发现的各类研究，提出科学发现可以分为现象、经验定律、构造性理论和原理性理论这四个层级。作者虽然认为当前人工智能只能发现新现象和经验定律，科学再发现研究因为其数据来源问题无法说明人工智能有发现科学理论的能力，但不同于大多数科学哲学家认为机器学习在理论上也无法发现新理论，作者提出在特定的科学情景下，机器学习可以发现新的构造性理论甚至是原理性理论。为此，基于科学史上著名的测量以太风案例，作者构建了 AI–Einstein 模型，试图用经验的方法论证其观点。

本书可分为三个部分。第一部分从经验的角度考察人工智能尤其是机器学习在科学发现中的作用，分析机器学习当前能够达到的科学发现的层级，提出一个在当前的技术条件下用机器学习发现新概念和新思想的路径。第二部分对科学哲学中的科学理论结构研究进行综述和分析，尝试从一种基于具身数学认知的科学实践哲学的角度，分析机器的科学发现与人类的科学发现之间的关系。第三部分是案例研究，用科学史上的经典案例——相对论相关的以太漂移——的历史数据作为训练数据，看机器学习能否在真实的科学发现场景中带来新的概念和思想，为第一部分提出的设想提供实证支持。

本书是作者近几年跟随人工智能以及数据和智能驱动科学发展的一个研究集合。虽然书名为"人工智能与科学发现"，但并不涉及人工智能的所有领域，而主要关注人工智能中的机器学习与科学发现之间的关系。科学是近代以来人类发展中最重要的活动，科学发现被看作是对知识甚至是对"真理"的最有效的生产方法。人工智能与科学发现的哲学研究是一个广阔的话题，本书仅仅涉及其中的一小部分，自然不可能企图做一个大而全的刻画。

人工智能在科学活动中的新应用不仅在技术层面上产生了深远的影响，也在理论层面上提出了一系列新的问题和挑战。对于人类最引以为傲的科学，人工智能究竟能够扮演什么角色，能否替代人类科学家？机器的科学发现是否与人类的科学发现一样，还是能够超越人类的认知达到我们无法理解的层级？人工智能能否理解科学理论，能否发现新理论甚至带来新一轮科学革命？这些问题引发了一系列的争论，有人乐观有人悲观，更多人持审慎态度。而对于哲学来说，基于传统的科学实践活动发展出来的各种科学哲学理论，以及诸如科学的本质、科学理论的结构、科学发现的逻辑、理论与经验的关系等话题，在当前智能驱动科学发现的大背景下也都需要重新去思考。作者认为，尤其是在我们还未彻底破解人工智能模型的黑箱之时，对智能驱动的科学发现不能盲目乐观并不加限制地使用，而需要在了解其具体机制的前提下进行多维度的审度。

人工智能与科学发现的关系是当代非常重要的话题，作者王东曾在我名下攻读博士，我很高兴他不断进取，毕业后又做了许多有益的尝试和探究。随着人工智能的发展，相关的应用和问题会不断涌现，我期待看到更多关于这个主题的研究，也期待人工智能赋予人类科学发现更多的可能性。

刘大椿

2023 年夏于中国人民大学宜园

前　言

历经 3 次寒冬，人工智能在 2012 年以深度学习的面貌再次崛起，同时借助数据、算法和算力快速发展并以肉眼可见的速度迅速商业落地，在众多领域展现出惊人的能力。在深度学习崛起的十年后，2022 年 12 月，人工智能企业 OpenAI 发布了现象级的聊天对话模型 ChatGPT，又重新点燃了人们对通用人工智能（Artificial General Intelligence，AGI）的热情。而人工智能与科学发现（scientific discovery），这两个激动人心的领域在这十年间也产生越来越多的交集，这种交集带我们走向一种基于数据和智能的更加快速和自动化的科学发现以及技术创新。人工智能现在可以精准预测蛋白质折叠甚至帮助创造新蛋白质、发现新的化学结构，帮助解决量子多体问题，我们几乎每天都能看到大量基于人工智能（AI - based）的科学发现并且还在不断加速。随着科学中实验仪器的不断智能化，数据的产生和分析也在不断地自动化，在可预见的未来大部分科学实践流程中的工作都会有人工智能辅助甚至被人工智能代替。

这些近代科学蓬勃发展几百年以来首次出现的新现象自然会带来很多新问题以及对旧问题的新思考，这些问题其实自通用电子计算机和人工智能学科诞生之初就有很多科学家和哲学家在讨论。比如从方法论角度，能否通过计算的方式去模拟科学发现的过程、去模拟科学概念和知识创新甚至去获得新的重大的科学发现？再比如从认识论的角度还有一些更加深刻的问题——科学，尤其是自然科学，是否还是人类的专利？当然肯定有人会说，人工智能系统也是人类构建的，类似深度学习这类人工智能方法虽然还存在可解释性等问题，但是归根到底是人类技术的产物，人工智能驱动的科学也是人类的科学。但与传统的人类做科学的方式相比较，人工智能参与的科学确实有不同的地方。这种不同不仅仅是机器的强大的曲线拟合能力和人类简单的归纳能力之间的不同，物理学家安德森说多即是不同（more is different），当数据多到一定程度的时候，当数据的层级足够低足够基础的时候，曲线拟合所带来的可能就不仅仅是经验规律，还可能是更加普适的科学理论。

　　本书是对类似上述问题的一些回答，是作者近几年跟随人工智能以及数据和智能驱动科学发展的一个研究集合。本书虽然名为"人工智能与科学发现"，但并未涉及人工智能的所有领域，而主要关注人工智能中的机器学习（machine learning）❶ 与科学发现的关系。科学发现是近代以来人类发展中最重要的活动，是知识甚至"真理"的最有效的生产方法。人工智能与科学发现的哲学研究是一个广阔的话题，仅从方法论和认识论的角度看就可以有很多不同的进路，本书仅取其中的一小部分，不企图做一

---

　　❶ 尽管现在机器学习几乎是人工智能的代名词。

个大而全的刻画，而是从机器学习入手，先现实地考察机器学习帮助下的科学发现能够达到的层次，再从数学认知和科学实践入手考察机器发现与人类发现之间可能存在的关系。

第 1 章主要描述事实并做简单分析，综述人工智能尤其是机器学习最近十多年在各个学科所参与的科学新发现和科学再发现研究，并分析其在科学再发现研究中的局限。

第 2 章介绍机器学习的基本原理，但并不是简单地把机器学习的各种教科书内容做一个复述，而是基于本书的要求——分析人工智能在科学发现中的作用——去有选择地刻画其基本原理，其中主要分析本书第 9 章会用到的自编码器（autoencoder），以及在科学再发现中经常使用的符号回归方法，并简单讨论符号方法与数据方法，以及人工智能中的可解释性问题。

第 3 章基于各种科学哲学的理论探讨科学发现的种类和层次，在从逻辑实证主义到科学实践哲学，从卡尔纳普到爱因斯坦的对于科学知识的分类的基础上，同样是基于本书的要求，得出科学发现的四层次理论。

第 4 章基于当前机器学习技术和对于科学发现的理解，分析目前的智能驱动科学发现所达到的层次，新发现和再发现研究分别达到的层次，并分析其中的局限。同时综述哲学家和科学家对于自动科学发现、数据驱动和智能驱动发现、科学发现的第四范式等各种问题的观点，区分对于自动科学发现的乐观派和悲观派。最重要的是在本章的最后提出本书第一个要点。当前的机器学习在理论上，当遇到科学发现实践中的某种特殊的情况时，能够帮助人类科学家发现新的科学概念、思想和科学理论甚至是原理新理论，并为第9章的案例研究做好理论准备。

前4章的内容主要是实证以及对实证内容的一阶分析，这对于一本哲学著作来说还远远不够"哲学"，不够本质。关于人工智能与科学发现之间更加深入的关系，关于"自动"科学发现是否可能直接发现而不仅仅是人工智能"帮助"科学发现，我们需要更多更深入的思考。所以本书从第5章开始内容会更加"哲学"一些，会更加深入地从科学哲学的视角去讨论科学理论的结构，探讨人类的科学发现与机器的科学发现之间可能存在的联系。

我们当前已有的科学是人的科学，就算是大数据与人工智能改变了很多科学研究领域的研究形态，但科学进步依然是基于人的"理解"之上的。那些目前还藏在黑箱中的取得科学进步的领域大多因为人类的无法理解而不能进一步获得新的发现和发展；而对于一些刚刚打开黑箱的领域，所谓"打开黑箱"就已经表示让模型去符合人类的理解。那么理论上人工智能是否能够脱离人的理解，自己生成"概念"并进一步指导科学观察和科学实验同时获得科学发现？这个问题很难在理论上说清楚，其实这更应该是一个实践问题。如果把这个问题称为智能科学发现的"强"问题，那么换一个弱一些的版本，我们可以问机器能否不断提供人类可以理解的"概念"，人类或者人类操作下的机器是否可以在这些概念框架下继续去观察和实验从而不断获得科学发现？❶ 这个问题就又回到了什么是人类的科学理论和对科学理论

---

❶ 理论上人工智能如果实现了强AI，也就是通用算法，就可以在包括科学发现在内的一切领域去替代人类的活动，但是我们暂时不讨论这种更加一般性的问题。

的理解是什么这些问题。

对科学理论及其结构的认识可以说是 20 世纪科学哲学的首要任务，大致可以分为语法、语义与语用三个进路。语法和语义进路都可以看作形式化的方法，这看上去与人工智能有关联的可能（实际上也是），但语法和语义的观点也恰恰是区分发现逻辑和辩护逻辑的基础，发现逻辑的非形式化阻止了通用机器发现的可能。而另外一种 20 世纪末开始逐步发展且当前仍然活跃的理论——语用的观点，或者更广义地说实践的观点，提供了科学发现逻辑的可能，但这里的"逻辑"含义更加广泛，表面看上去无法与机器学习对接。本书 5～7 章的一个重要任务是通过一种基于数学认知的科学实践的观点，综合形式化方法和语用方法的优点，从理论上探讨人工智能科学发现的可能性。如果说我们在前 4 章其实是把人类的科学与机器的科学分开来看，认为人类表征科学的某些形式如解析的形式无法让机器理解，机器只能通过数值的方式来帮助人类扩大理论空间并提示新的理论，那么在 5～7 章，我们则认为人类的这种数学表达方式在机器理论上也是可以渐进达到的，一些看上去非常抽象的机器不能理解的概念如"无穷"等，实际上可以还原或者联系到一些更加简单和日常的机器可以处理和理解的概念和行为。

要完成上述目标需要回答两个问题并完成两个方向的论证（不是严格的形式化证明）。第一个问题是人工智能理论上能够获得的知识是否超越了人类的理解，第二个问题是人类的科学是否在机器的能力之外。第一个问题的答案相对比较简单而且也有部分的共识。虽然当前机器学习模型还存在黑箱问题，但是归根结底人类是可以了解其运行机制的。可能有一种反驳的意见是要去理解一些超大模型如有百亿级别参数的模型，在实践上是不可能的，但实践上的不可能不是理论上的不可能。实践上的不可能永远只是某个时代的产物，我们其实没法预测实践上的不可能是否以及在何时能够因为技术进步而成为可能，如针对大模型的黑箱问题已经有很多关于人工智能可解释性的研究进展，而最近也在开展通过大模型自身（如 OpenAI 的 ChatGPT）来把大模型中间的表征层翻译到人类可理解的水平这样的工作。❶ 除此之外，还有一种观点认为，对于人工智能模型难以理解的来源不是黑箱问题，而是对于模型与对象之间连接的问题。❷ 所以第一个问题从理论上来说是否定的，我们就不在此详述了。

而对第二个问题的回答相对比较麻烦，且初看上去是不可能回答的。因为我们既不知道人类科学的本质是什么以及为什么会有这样的能力（知道什么是科学和知道怎么做科学是两回事），这是科学哲学一直追索的问题；我们也不完全知道机器的能力，虽然当前所有的单个计算机器理论上都是图灵机，但机器的结合以及机器与环境的互动却超越了这个限制。5~7 章将尝试部分地回答第二个问题。简单地说，科学理论被看作科学的核心，而科学理论尤其是自然科学大多使用数学语言，那

❶ LINDNER D, KRAMáR J, RAHTZ M, et al. Tracr: Compiled Transformers as a Laboratory for Interpretability [EB/OL]. arXiv, 2023 [2023 - 01 - 31]. http://arxiv.org/abs/2301. 05062.

❷ SULLIVAN E. Understanding from Machine Learning Models [J]. The British Journal for the Philosophy of Science, 2022, 73 (1): 109 - 133.

就从数学认知切入,❶ 尝试说明人类的科学研究及其成果与最基本的人类认知能力和结构的同构关系,而后者又是可计算的或者说奠基了可计算概念。

第 8 章讨论大语言模型与科学发现之间的关系,尝试分析大语言模型能否帮助实现自动科学发现,并探索如何把大语言模型嵌入已有的智能驱动科学发现的研究。

第 9 章是一个案例研究,使用 19 世纪与光的传播和以太性质相关实验的真实历史数据训练机器学习模型,目的是去探索在某些特殊的情况下——如数据与理论不符的情况下,机器学习是否能带来科学概念和科学理论上的发现。建模的结果表明,基于 19 世纪已知的观测和实验数据,机器学习模型至少能够发现不同于伽利略变换的一种二次变换形式(洛伦兹变换),并提示不假设以太的存在能够更好地解释所有现象。这两个发现恰好是狭义相对论的两个原理性预设,案例研究表明,在某些特殊情况下,机器学习可以发现新理论。

---

❶ 数学基础问题、数学与计算的关系等数学哲学问题都十分深奥复杂,不是本书能把握的。笔者从另外一个认知路径切入,避开数学中的无穷问题或者关于无穷的难问题。

目　录

第2部分　机器学习与科学发现的关系

第3部分　案例研究

第 1 部分　机器学习与科学发现的层级

第 1 章　智能驱动的科学发现

人工智能，尤其是机器学习自诞生之日起❶就被用于科学研究，但自 2012 年至今的十年来，随着大数据和深度学习的快速发展，机器学习或者更一般地说，人工智能越来越多地渗入科学研究的各个不同领域和科学实践活动的各个环节，成为科学家们的新工具。❷ 从最基础的形式科学例如数学和逻辑，到自然科学中的物理、化学、生物学和认知科学，以及社会科学甚至人文科学都能看到基于大数据的人工智能应用的身影。大数据和智能驱动的科学发现正在以指数级速度扩展其领地，当前每一天都有大量的借助大数据和人工智能方法获得科学发现的文章发表。对于这个正在高速发展的领域，本书不追求其技术前沿性，将会列举一些具有代表性的智能驱动的科学发现案例，进行一定的哲学分析。科学或者说人类的科学活动是由复杂的认知过程和社会交互过程构成的综合体系，当前科学观察、科学实验和科学计算都更

---

❶　"机器学习"这个概念由人工智能先驱阿瑟·塞缪尔（Arthur Samuel）于 1959 年所创造。

❷　ZDEBOROVÁ L. New tool in the box [J]. Nature Physics, 2017, 13 (5): 420 – 421.

为深入地借助数字化和智能化技术，科学活动全过程的各个环节都能看到人工智能特别是机器学习的参与。本书不力图刻画这个庞大而复杂的人工智能涉入科学的全景，而主要关注与科学发现过程相关的部分内容尤其是科学哲学关心的内容。❶

当前基于人工智能的科学发现，从其所发现的科学知识内容的新旧来看，可以大致分为两类：一类是基于人工智能的科学知识的新发现，一类是基于人工智能的科学知识的再发现。新知识的发现主要出现在各个学科的前沿探索领域；而科学知识的再发现研究的一个主要目的是想用人类的科学研究经验去改善机器学习模型，另一个目的是去探索机器学习原则上能够带来什么种类和层次的发现。本章分别就新发现和再发现列举一些成熟案例，所涉及的科学发现主要指的是对科学知识的发现，不包括技术领域，尽管实际上人工智能当前对于技术创新的促进力度更大。

1.1　智能驱动的科学新发现

电子计算机自出现起就在人类的科学活动中起到重要的作用，早期主要用作计算工具，辅助进行大规模快速计算或者数学实验；其后以计算机建模和计算机实验的方式参与科学研究，很多无法人工物理建模或者需要耗费大量资源的领域运用计算机建模能够得到很好的效果，例如，对核试验的模拟，或者对多主体

---

❶　从一般的意义上说，科学发现过程其实就是科学活动过程，毕竟科学活动的目的主要是获得科学发现。

的复杂系统的建模。但科学研究活动的核心和目标——经验规律和科学定律的获得、科学理论的构建（科学假说的形成和验证）——计算机却很难帮上忙。随着信息科技的发展和普及，信息生产、采集和分析设备广泛地应用在科学研究过程中并不断产生指数级增长的巨量科学数据，例如斯隆巡天计划每晚就能够产生 PB 级的天文数据量；遍布在全球各地的科学传感器每天监测产生海量的数据；全球各个科学实验室的各类数字化的实验设备也不断产生大量的科学数据。甚至于韦伯空间望远镜这样远离地球的外太空设备每天也能产生 57G 的数据传回地球。于是伴随着数据挖掘和分析技术的发展，在科学活动中出现了一种仅仅通过机器协助下的数据分析就能获得科学发现的现象，这被称为数据密集型或者数据驱动型科学发现。而随着 2012 年以来十多年机器学习（统计学习）技术的快速发展，人工智能在数据分析中得到广泛的应用，数据驱动的科学发现逐步转向为智能驱动的科学发现，也就是对于大数据的分析越来越自动化。从方法上看，除了从数据中识别和提取这种自下而上的知识获取方式，计算机辅助科学理论（假说）构建也在不断发展，从早期对科学理论的重新发现到近期在化学、生物和医药等领域的自动化科学发现流程体系，随着自然语言理解、知识工程以及因果推断等技术的发展，人工智能在自上而下的构建科学理论方面也有很大的潜力。随着大数据技术和应对大数据的人工智能方法的发展，科学研究的两个重要方面——从经验中归纳出知识以及产生新的科学假说❶——都在

----

❶ 这两个方面也大致对应着人工智能的两个不同的进路——符号进路和统计进路。

不同程度上被计算化。下面就人工智能在几个不同科学中的主要应用状况和参与方式做简要介绍和分析。

1.1.1 天文学、宇宙学

天文学自古希腊开始就可以看作"数据驱动型"科学。几千年中，天文学家们基于肉眼观测的数据建立了各种模型。例如托勒密建立了带有本轮和均轮复杂结构且所有天体都围绕地球旋转的模型，而第谷则基于更加精确和庞大的数据建立了一种行星绕太阳旋转、太阳围绕地球旋转的模型。开普勒从第谷留下的大量数据中发现行星运动三定律是典型的数据驱动发现，并给牛顿经典力学的出现提供了经验定律的基础。而当代天文学研究无论是在电磁波和宇宙射线时代，还是在可能很快到来的引力波时代，都能通过各种大型天文设备获得海量数据，并在机器的辅助下获得各种科学发现。

机器学习很早就应用于天文学研究，经常被用于恒星光谱的分类、自动识别和分类天体以及对特定天体的图像分析。例如，20世纪90年代天文学家和物理学家就运用机器学习技术研究太阳黑子。❶ 他们使用一种被称为马尔可夫随机场（trainable markovrandom fields）的方法，来处理用米歇尔森多普勒成像仪（Michelson Doppler Imager）观测到的大量太阳活动区域的图像。这种方法能够帮助科学家更好地理解太阳活动区域的特性，有助

---

❶ MJOLSNESS E, DECOSTE D. Machine Learning for Science: State of the Art and Future Prospects [J]. Science, 2001, 293 (5537): 2051 –2055.

于我们对太阳活动和太阳黑子的研究。

　　2012 年后深度学习技术可以帮助天文学家对星系进行分类甚至发现新的星系种类，也可以为星系图像去噪并比科学家更有效率地研究引力透镜效应。❶ 引力透镜效应是广义相对论所预言的一种引力场的扭曲效应，因为天体的引力场会将从其附近路过的光线弯曲，所以一个大质量的前景物体会扭曲背景物体的图像。引力透镜事件是探测大质量星系中暗物质分布的重要工具，在宇宙学中非常重要，但是这个现象很难用简单的数学公式刻画，早期都是通过人类科学家人工去比对各种天文图像来寻找引力透镜。而现在用深度学习建模，通过上千个引力透镜图像的训练，科学家们构建了可以自动探查引力透镜的系统，可以大大提高引力透镜的发现率，并减少人工检查的需要。❷ 除此之外，人工智能在检测引力波，甚至是搜索外星生命方面都可以大大提高研究效率。可以看到，在天文学和宇宙学这样数据密集型的学科中，人工智能不仅可以加速并自动化研究，还可以突破人类的认知局限从而获得更多更好的发现。

　　当前天文学和宇宙中的建模方法可以分为物理建模和数据驱动建模两种。物理建模是传统的方法，需要大量的天体物理背景知识，其优点是预测结果在物理上是合理的——可以被理解和解

---

　　❶ SOKOL J. AI in Action：Machines that make sense of the sky ［J］. Science，2017，357（6346）：26 – 26.

　　❷ FLUKE C J, JACOBS C. Surveying the reach and maturity of machine learning and artificial intelligence in astronomy ［J/OL］. WIREs Data Mining and Knowledge Discovery，2020，10（2）：e1349 ［2023 – 02 – 23］. http：//arxiv. org/abs/1912. 02934. DOI：10. 1002/widm. 1349.

释，但缺点是很难构建并且经常需要简化，同时还会受到不完整的科学知识的限制。而数据驱动的模型则没有这些限制，在预测的准确性方面通常优于物理模型，但纯数据驱动的机器学习模型及其推断可能会违反物理规律，而且机器学习方法一般不会提供模型预测的可解释性。在实际的天文学研究中两者并不是相互排斥的，物理模型可以给机器学习算法提供背景信息，而机器学习可以用来支持物理建模。❶

另一方面，偏向纯数据方法的研究突破也在不断出现，自称可以仅仅或者主要通过原始科学数据"直接"发现科学模型和科学理论，并揭示其中的各种性质。有几个研究组都利用图网络模型 + 符号回归的方式来构建模型。例如迈尔斯·克兰默（Miles Cranmer）等人的系列研究，❷ 提出了一种可以从观察数据中自动发现真实物理系统背后的方程和隐藏属性的机器学习方法。他们训练一个"图形神经网络"来模拟太阳系的太阳、行星和大卫星的动力学，使用的训练数据来自近三十年真实的天文观测数据。他们使用符号回归来发现神经网络从原始数据中学习

❶ CHO A. AI in Action: AI's early proving ground: the hunt for new particles [J]. Science, 2017, 357 (6346): 20-20.

❷ CRANMER M D, XU R, BATTAGLIA P, et al. Learning Symbolic Physics with Graph Networks [DB/OL]. (2019-09-12) [2022-05-06]. http://arxiv.org/abs/1909.05862.

CRANMER M, SANCHEZ-GONZALEZ A, BATTAGLIA P, et al. Discovering Symbolic Models from Deep Learning with Inductive Biases [DB/OL]. arXiv, (2020-11-18) [2023-02-08]. http://arxiv.org/abs/2006.11287.

LEMOS P, JEFFREY N, CRANMER M, et al. Rediscovering orbital mechanics with machine learning [DB/OL]. (2022-02-04) [2022-05-03]. http://arxiv.org/abs/2202.02306.

到的力学定律的分析表达式（analytical expression），发现这个表达式等同于牛顿的万有引力定律。他们认为之所以要分为两个步骤——首先用图神经网络去模拟再对训练好的网络进行符号回归，而不是直接对数据进行符号回归——主要的原因，一方面是更有效率，同时神经网络是可微的也能提高效率；另一方面，对物理现象进行符号表征也有利于"科学解释"，同时还可以与已有的科学知识相结合。❶ 这种方法不需要对行星和卫星的质量或物理常数作出任何假设，相关的物理常数可以在模拟过程中被准确地推断出来。有趣的是，这种方法特意模仿了科学家进行科学发现的过程，当通过符号回归得到数学公式之后（归纳），再用这种解析的符号公式产生更多的现象去进行检测（演绎），符号的方法比神经网络方法具有更高的精度，这也是使用符号回归的原因之一。虽然经典的万有引力定律自被牛顿发现以来就广为人知，但他们认为其研究是对能够从观测数据中发现未知定律和隐藏属性的这个方法进行验证，并将机器学习在加速科学发现方面的潜力往前推进一步，同时也有助于构建科学发现过程自动化的复杂工具。

1.1.2 物理学

物理学一直是自然科学的"模板"，从观察和实验的严谨性和可重复性到理论体系的形式化程度以及理论的普适程度等，都

---

❶ 这个研究需要假设平移和旋转的等效性（translational and rotational equivariance），以及牛顿的第二运动定律和第三运动定律。

是众多其他自然科学领域模仿的对象。物理学一直在微观尺度上寻找宇宙之砖，在还原论大行其道并一直"更加"成功的这几百年，物理学也被很多人看作从"根本上"理解世界的唯一方法。如果在更加微观的尺度和基础层级上能够应用机器学习获得科学发现，那么理论上在更大尺度上也是可行的，所以我们来介绍机器学习在物理学中的部分应用。

机器学习在物理学中的应用早期主要集中在高能物理和凝聚态物理这类数据密集型领域中，经常用来分析加速器中的数据，从而帮助寻找新的基本粒子（例如希格斯玻色子)[1]，帮助从高维数据中降维从而找出影响宏观性质的序参量[2]等。近期神经网络的学习方法应用在更多的研究领域，例如在量子多体问题中通过机器学习来学习波函数，将量子多体问题复杂性简化为可计算的程度。[3]

在高能物理和粒子物理的研究中，大型粒子对撞机每秒都会产生海量数据，例如，位于瑞士日内瓦近郊的欧洲大型强子对撞机（large hadron collider）在全功率下，每秒大约会有 600 万次的粒子碰撞事件发生，这些碰撞事件产生的数据都需要被记录和处理。过去几十年，机器学习技术一直用来帮助人们从海量数据中进行粒子识别和事件选择。事件选择指的是在海量数据中选择

[1] KREMER J, STENSBO – SMIDT K, GIESEKE F, et al. Big universe, Big data：Machine learning and image analysis for astronomy [J]. IEEE Intelligent Systems, 2017, 32 (2)：16 –22.

[2] CARRASQUILLA J, MELKO R G. Machine learning phases of matter [J]. Nature Physics, 2017, 13 (5)：431 –434.

[3] CARLEO G, TROYER M. Solving the quantum many – body problem with artificial neural networks [J]. Science, 2017, 355 (6325)：602 –606.

那些与目标任务最相关的碰撞事件，例如，在寻找希格斯玻色子、超对称性和暗物质相关数据时，必须选择与这些任务所假设的"信号"过程特征一致的数据集。事件选择是一种典型的分类任务，经典的方法依赖于浅层的机器学习模型，这些模型学习复杂非线性函数的能力有限，而且需要通过手动构造非线性特征才能进行艰难的搜索。2014 年，基于深度学习的技术开始出现，并在上述的粒子识别和事件选择等几个应用中被证明具有显著的优越性。例如，深度学习可以被用于对标准模型以外的理论所假设的粒子事件的选择任务，其表现不仅好于传统的浅层机器学习模型，而且不用手动构建特征和输入。❶ 这些研究表明深度学习可以大大提高对撞机寻找粒子的能力。除了事件选择，人工智能还可以用在追踪粒子、构建新理论等领域，这里就不一一介绍了。

量子力学的概率特性让其计算实质成了大数据的一种无穷的来源，而这恰恰是机器学习的用武之地，❷ 这种本质上的概率特性❸可以从对基本粒子的测量过程中得到体现。例如，我们要测量单个电子的轨道位置，实际上并不能像经典物理学那样精确地确定电子在某个确定的时间会出现在某个特定位置，对于测量过

---

❶　BALDI P, SADOWSKI P, WHITESON D. Searching for Exotic Particles in High - Energy Physics with Deep Learning [DB/OL]. (2014 - 06 - 05) [2023 - 06 - 24]. http://arxiv. org/abs/1402. 4735.

❷　CARLEO G, CIRAC I, CRANMER K, et al. Machine learning and the physical sciences [J/OL]. Reviews of Modern Physics, 2019, 91 (4)：39.

❸　所谓本质上的概率特性指的是量子行为本质上是概率的，这种概率没法通过隐变量等方式确定单次测量的结果，只能从统计的意义上去刻画规律。但我们当前只能从认识论的角度去谈论，无法确定本体论上最终是不是概率的。

程和可能结果的完整刻画需要通过波函数来表示。波函数是量子力学中最基本的数学对象，❶ 可以用来表征量子态的所有信息（量子态也是一个数学对象，其实在性也具有争议）。量子态可以用希尔伯特空间中的一个向量来表示，例如，我们假设一个单电子的量子态为 $\Psi(s)$，那么这个电子在某个给定位置出现的概率为其概率幅的模平方（概率幅是基向量的系数，用基向量的线性叠加来表示量子态）。所谓给定的位置，可以被表示为位置算子的某个特征向量，而通过其对应的系数也就是概率幅就可以算出其出现的概率。对于单个量子来说，无论是理论上的预测还是通过实验性的推断都是可行的，但是问题就在于多个量子的系统。对于量子多体系统，波函数所包含的信息会呈指数性地上升。例如，对于有 N 个 $\frac{1}{2}$ 自旋的多体系统，波函数方程系数（概率幅）的数量是 2^N 个，所以随着多体系统数量增长，其系数呈指数增长。同样，对应的希尔伯特空间的维度也呈指数性增长，但是与物理性相关的态一般只占据希尔伯特空间一个很小的位置。所以我们一般用一种变分方法来寻找一个我们感兴趣的物理相关量子态的可计算的有效表征，❷ 而机器学习则可以帮助我们快速有效地达到这个目的。

量子物理实验产生了例如干涉或纠缠等现象，这些现象是

---

❶ 波函数是否具有实在性一直具有争议，尤其是在物理学哲学中。本书虽然是哲学著作但是不涉及这个话题，暂且把波函数看作数学对象。

❷ DAWID A, ARNOLD J, REQUENA B, et al. Modern applications of machine learning in quantum sciences［DB/OL］. arXiv,（2022－06－24）［2023－02－08］. https：//arxiv. org/abs/2204. 04198.

许多未来量子技术的核心特性。量子实验的结构与其纠缠特性之间的复杂关系对于量子光学的基础研究至关重要，但很难直观地理解。以多伦多大学一个实验组为主的研究团队提出了第一个量子光学实验的深度生成模型，他们用量子光学变分自动编码器（Quantum Optics Variational Auto Encoder，QOVAE）在实验设置数据集上进行训练，研究了 QOVAE 的学习表示及其对量子光学世界的内部理解，发现并证明 QOVAE 学习了量子光学实验的可解释表示以及实验结构和纠缠之间的关系。这个研究展示了 QOVAE 能够为具有与其训练数据匹配的特定分布的高度纠缠量子态生成新颖的实验。重要的是，这个研究可以完全解释 QOVAE 如何构建其潜在空间，找到可以完全用量子物理学来解释的奇怪模式。这个研究结果证明了如何在复杂的科学领域成功地使用和理解深度生成模型的内部表示。研究者认为 QOVAE 和他们的研究结论可以立即应用于整个基础科学研究的其他物理系统。❶

　　另一项研究是从实验数据中用无监督的机器学习提取哈密顿算符。一个由相互作用的粒子组成的孤立系统是由哈密顿算子（operator）描述的，哈密顿模型是整个科学和工业界用来研究和分析物理过程和化学过程的基础，因此找到系统的哈密顿模型是至关重要的。然而在实际观测和实验中，根据实验数据构建并检测量子系统的哈密顿模型是非常困难的，因为没法直接观察到量

❶ FLAM‐SHEPHERD D, WU T, GU X, et al. Learning Interpretable Representations of Entanglement in Quantum Optics Experiments using Deep Generative Models [J]. Nature Machine Intelligence，2022，4（6）：544‐554.

子系统正在进行哪些相互作用。这个团队提出了一种使用无监督的机器学习从实验中建立哈密顿模型的方法，并应用在某种条件下的电子自旋中，成功率高达86%。他们认为，通过建立那些能够发现和恢复有意义的表征的方法，可以获得对量子系统的进一步了解。❶

　　上述三个例子都与量子物理相关，机器学习运用在量子物理中尤其多的一个主要的原因是微观层面的现象和规律与人类在宏观世界获得的直觉和经验有很大的差别。用来表示量子态的数学表征需要用到复数，一个量子态是希尔伯特空间中的一个向量，但人类对复数没有直观，很难去体会量子态是什么或者怎样变化。量子力学中的一个可观测量是希尔伯特空间中的一个算子，但是在日常人类直觉下，所谓的可观测量就是那些能够观测到的量，例如时间长短和空间大小，到了量子力学中可观测量却变成了一种类似"操作"的东西。与宏观直觉不相符的现象还有很多，例如，大名鼎鼎的不确定性和测不准原理，还有与量子纠缠相关的爱因斯坦所谓的"鬼魅般的远距效应"。所有这些量子领域与人类直觉的不同都会阻碍人类在这些领域的探索，使用机器学习能否弥补这种不足从而带来更多的启发和发现？答案应该是肯定的。其实不仅仅在量子领域，就是在人类熟悉的宏观领域也存在这种现象，人类其实有各种各样的认知偏误。

　　机器学习与科学发现特别是物理学发现的关系可以区分为两种。第一种是机器学习与物理学之间通过"信息"本体这个中

---

❶ GENTILE A A, FLYNN B, KNAUER S, et al. Learning models of quantum systems from experiments [J]. Nature Physics, 2021, 17 (7)：837－843.

介的关联，● 也就是机器学习作为一种信息机器，以及物理学对于作为信息的宇宙的刻画，机器学习、物理学和信息论这三者之间的深层关联这个层面的联系，这是更加本质的层面，是本体论意义上的联系。第二种是拟人的和间接的，是机器学习作为一种处理"信息"的工具与科学家处理信息之间的关系。第二种可以看作方法论和认识论上的。本书讨论的案例基本还处于第二种关系的范畴。而更加深刻的则是通过认识论去连接方法论和本体论，人工智能方法作为信息论的方法是基于人的认知演化出来的，这种方法自然地与世界（物理学要研究的对象）的某些特征有关联，这种关联也体现在科学家用数学语言去研究自然上面。这个层面不是本书的主要内容，仅限于概念上的讨论。

1.1.3　生物学与医学

人工智能被广泛应用于生物学和医学中的数据密集型研究领域。在基因组学和生物信息学中，人工智能被用于解析基因序列、识别基因和蛋白质功能之间的关系、预测基因和蛋白质之间的相互作用，甚至可以用来设计全新的蛋白质。人工智能还被用来研究微生物组，预测微生物的种类、功能以及与宿主的相互作用。在药物研发中，人工智能被用于预测药物的靶点、毒性和副作用，从而优化药物的化学结构，甚至可以用来设计新的药物。下面简要介绍蛋白质结构预测和新抗生素的发现这两个经典的

---

❶ TANAKA A, TOMIYA A, HASHIMOTO K. Deep Learning and Physics [M]. Singapore：Springer Singapore，2021：9.

案例。

《科学》（Science）杂志把 2021 年的年度突破给了蛋白质结构预测——通过人工智能利用氨基酸序列去预测蛋白质结构。蛋白质在生物体中尤为重要，它们可以收缩肌肉、把食物转化为能量、在血液中运送氧气以及对抗入侵的微生物等。蛋白质是一种生物高分子或者大分子，由氨基酸构成，每一种蛋白质都有唯一的氨基酸序列（可以看作一条长链），这些序列决定了蛋白质在三维空间中"折叠"成的最终结构从而决定了其功能。蛋白质的氨基酸序列编码在脱氧核糖核酸（DNA）中，氨基酸链在核糖体中"生产"出来，每一条链都会折叠成独特、复杂的三维立体（3D）形状，而这些形状决定了蛋白质如何与其他分子相互作用，从而决定了蛋白质的功能。在以前，蛋白质的结构也就是其在三维空间中的形状只能通过各种实验室方法来确定，例如 X 射线晶体学、核磁共振波谱和冷冻电子显微镜等，这些方法是直接通过物理手段去探查蛋白质的结构。通过这些方法，人类已经构建出一个庞大的数据库，大概有十多万的蛋白质结构被找到，但是还有十多亿级别的蛋白质结构有待发现，这么庞大的数字仅仅靠实验室方法用人工去发现几乎不可能完成。同时已经在使用的实验室方法只是确定蛋白质的 3D 结构，但并不能解开其折叠方式，即不知道氨基酸链在被制造出来后是如何在空间中折叠成独一无二的形状的。人们在很早之前就知道是氨基酸之间的相互作用将蛋白质"拉"为特定的形状，只不过由于相互作用的组合爆炸效应，导致难以计算出最终的形状。到 20 世纪末期，计算机模型已经可以辅助预测蛋白质折叠的方式，并出现了蛋白

质计算机预测的竞赛蛋白质结构预测技术的关键测试（Critical
Assessment of protein Structure Prediction，CASP），早期的竞赛结
果都不是很理想，但在机器学习和深度学习崛起之后情况就大大
不同。CASP 中最著名的是 DeepMind 公司推出的 AlphaFold 程序，
在 2020 年的 CASP14（两年一次）竞赛中获得了超过 80% 的平
均预测准确度（如图 1 - 1）。

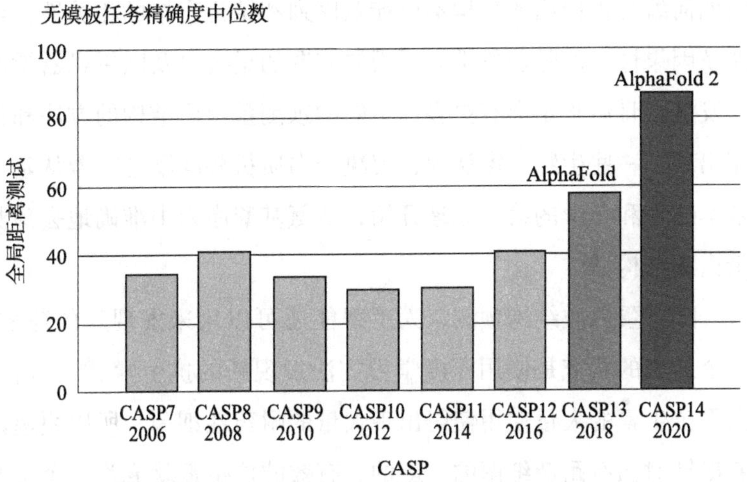

无模板任务精确度中位数

图 1 - 1 AlphaFold 在 CASP 比赛中的成绩

图片来源：https：//www. deepmind. com/blog/alphafold - a - solution - to - a -
50 - year - old - grand - challenge - in - biology.

DeepMind 公司第一代 AlphaFold 参加了 2018 年的 CASP13 并
获得的最高的准确性，他们发表了相关论文并公布了代码，这些
代码激发了其他相关工作和社区开源的实现，其后又有多个基于
机器学习的蛋白质折叠预测程序出现。这些预测蛋白质结构的人
工智能程序极大地改变了结构生物学的研究方式，用蛋白质的结

构和蛋白质序列之间的相关关系数据，使用深度学习方法建模，其预测性能远远大于以往的方法，给定一个蛋白质的基因序列就可以用接近实验室方法的精度去预测其三维结构，而且还为构建自然界没有的人造蛋白质提供了可能性。新的预测算法没有揭示蛋白质的基因序列如何编码三维结构，所以并没有解决蛋白质折叠问题，但是可以通过序列可靠地预测其结构。❶ 蛋白质基因序列如何编码蛋白质的结构不仅涉及序列和结构直接的相关性，还涉及因果性。而随着科学界对因果问题的重视以及因果机器学习的发展，日后肯定会有更多、更好的预测蛋白质结构的方法和程序出现。一些生物学家认为，解决蛋白质折叠问题意味着从基于基本物理和化学的第一原理开始，从氨基酸序列中准确地去预测蛋白质结构。❷

除了蛋白质结构预测，人工智能还可以用来发现新的药物，一个经典的研究是使用深度学习方法发现新的抗生素。❸ 当前全世界抗生素的大量使用使得出现大量的耐药性细菌，所以快速研究出针对已有耐药细菌的、新的、有效的抗生素就成为一个重要课题。研究者们想使用深度学习的方法构建一个能够预测具有抗菌活性分子的模型，他们用两千多种不同的可以抑制大肠杆菌生长的分子来训练模型，然后将模型应用于多个化学数据库。研究

❶ CRAMER P. AlphaFold2 and the future of structural biology [J]. Nature Structural & Molecular Biology, 2021, 28 (9): 704–705.

❷ MOORE P B, HENDRICKSON W A, HENDERSON R, et al. The protein–folding problem: Not yet solved [J]. Science, 2022, 375 (6580): 507–507.

❸ STOKES J M, YANG K, SWANSON K, et al. A Deep Learning Approach to Antibiotic Discovery [J]. Cell, 2020, 180 (4): 688–702.

者在一个数据库（Drug Repurposing Hub）发现了一种名为 hali-cin 的分子，这个分子与所有传统的抗生素在结构上都不同，而且对于很多具有耐药性的病原体都有效，具有优秀的广谱抗菌能力。发现抗生素的传统方法需要进行大量的实验并筛选，而深度学习的方法只需要有适当的数据就可以，这大大地降低了成本。传统的实验需要大量的时间和劳动力，动辄需要数年甚至数十年的时间，而深度学习的方法则可以缩短到数周。深度学习的方法还可以泛化到新的化学空间，可以发现与现有的抗生素结构不同的新的抗生素，这也为解决当前的耐药性问题提供了可行方法。与预测蛋白质结构一样，深度学习的方法能够找到已有的数据中某些未发现的关联从而达到科学发现，而且这些生物学和医学中的大数据的自动采集也在不断获得进展，但是最终的发现的结构仍然需要人工确认，未来一个人工智能与人类科学家紧密合作的新的范式将会出现并不断发展。

生物学及其相关学科中除了蛋白质预测这样具有代表性的案例，人工智能还有很多的应用，例如对病毒变异的预测研究、对生物制剂的开发等领域等，这里就不再一一列举。

1.1.4　数学

数学被看作是科学之母，与定量实验一起构成了近代科学的两个支柱。数学本身的重要性及其对科学的重要性在于其提供了一种理解世界的基本工具。有一些科学家和哲学家甚至认为数学才是这个世界的本质，例如，伽利略认为宇宙这本大书就是由数学语言写成的。人工智能与数学的关系非常密切，自其一出现就应用于数学领域，如早期的自动数学定理证明就是一例。就数学在科学中的地位及其与人工智能的关系来说，应该把本小节放在天文学和物理学前面来介绍，但奇怪的是，崛起后的深度学习在数学中的应用相对其他学科反而较少，也较晚，这可能是因为数学的逻辑演绎特性与深度学习的经验特性在表面上是相互矛盾的。❶ 尽管如此，深度学习在数学中仍然有重要的作用，相关研究也开始增多，这里介绍其中一个有代表性的。人工智能，尤其是深度学习在有大量数据的地方才有用武之地，如前面介绍的在天文学、物理学和生物学等科学中的应用，都是数据密集的领域，在数学中的应用也不例外。在 2021 年一项开创性的研究中，数学家们开始使用机器学习来帮助人类提出数学猜想。在这个研究中，研究者构造了一个框架，使用机器学习来引导数学家的直觉，帮助数学家来发现数学对象之间可能存在的关联和模式（图 1 - 2）。❷

框架图展示了一个把机器学习嵌入数学发现工作流程的递归循环。数学家根据先验的知识提出一个假说，例如，提出关于两个数学对象 $X(z)$ 和 $Y(z)$ 之间关系的一个函数 f，这个函数可以只使用 $X(z)$ 作为输入来预测 $Y(z)$。根据这个假说可以人工或者使用计算机辅助生成大量相关数据，然后用监督学习的方法

---

❶ 之所以说是表面上的矛盾，是因为如果从认知的角度看，数学的那种自上而下的逻辑推理特性与深度学习基于经验的自下而上的特征并不矛盾，这一点我们在第六章关于数学认知的部分会有所涉及。

❷ DAVIES A, VELIČKOVIĆP, BUESING L, et al. Advancing mathematics by guiding human intuition with AI [J]. Nature, 2021, 600 (7887)：70 - 74.

在这些数据中寻找相关的模式并产生多个候选假说 f'，这些候选假说可以反过来帮助修改最初由数学家提出的假说 f，以此方式不断循环，直到最终能够找到可以被严格的形式化证明的理论。

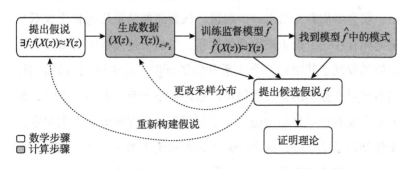

图 1-2　机器学习帮助数学发现流程框架

　　研究者们做了两个应用。其中之一便是应用在纽结理论（knot theory）中。纽结理论主要研究三维空间中纽结和链的性质，主要目标是找到一种方法来确定两个纽结是否拓扑等价，也就是能否通过连续的、不涉及切割或者粘贴变换把一个纽结转换成另外一个纽结。不能够相互转换的纽结属于不同的种类，对纽结进行分类可以帮助理解它们的特性，从而建立起与其他领域之间的联系。纽结理论在数学的许多其他领域，如拓扑学、微分几何和代数几何中都有应用，在物理学、化学和生物学中也有很多应用。例如，可以应用在对 DNA 结构和性质的研究中，也可以应用在物理学中对手性的研究。数学中对纽结分类的主要方式之一是通过对纽结的某种不变量进行研究，数学家们一般从纽结的几何属性和代数属性这两个角度去研究纽结中的不变量，并尝试建立起两者之间的关系。纽结的种类有很多，之前数学家已经找到了很多种不同的种类，但通过计算机仍能够生成上亿的纽结种类，这些海量的种类和数据很难用人力去分析并找到其中几何和代数属性之间的关系，而机器学习刚好能派上用场。在这个研究中，研究者们首先给出一个假设，认为纽结的超几何和代数不变量之间存在一个尚未被发现的关系，然后通过监督学习模型，他们果然发现了其中的一个关系并做了证明。这个研究结果表明，机器学习在数学的某些领域可以很好地指导数学家们的直觉，帮助数学家获得更好的猜想。除了利用深度学习帮助数学家构建关于纽结的理论之外，这个研究还为表示论中的一个著名问题——对称群的组合不变性猜想——提出了一个解决方案，这个应用就不详细介绍了。

数学既然可以被看作一种"语言"，很自然地就能想到能否用大语言模型来帮助人们实现数学定理的发现和证明。前面曾经提到过深度学习的经验特性与数学的逻辑推理特性表面上的矛盾，根据本书第 6 章基于具身数学认知的观点，数学的逻辑演绎特性来自于人类的某种认知能力，而这种能力应当是人类经过长期演化所形成的某种天生能力，能够进行形式化的逻辑推导。而这种在历史上被认为是先天的、与后天经验无关的能力，从认知的角度则可以被看作经过一种自然演化的"训练"，这种训练的输入素材可以便是广义上的"经验"，这类经验相对于人类个体来说是先天的，对于绵延不断的人类演化过程来说则不是。所以，那些能够抓住人类自然演化过程所产生的某种认知能力（如语言能力）的深度学习模型，与人类的数学逻辑推理能力是不矛盾的。大语言模型（如 GPT - 4）已经表现出对人类语言背后底

层规律的掌握能力，及像逻辑推理这种的通用能力，被认为非常
有潜力帮助人类在数学领域中的发现。

菲尔兹奖的获得者、著名数学家陶哲轩多次在社交媒体发文
讨论 ChatGPT 与数学研究，并把 ChatGPT 纳入工作流程，他认为
ChatGPT 不一定能够给出靠谱的结果，但是能够给予创新性提
示，他甚至预言到 2026 年，AI 在数学领域将会成为可以信赖的
合著者。而实际上就在 2023 年 6 月，使用大语言模型发现新的
数学定理的研究已经出现。❶

1.2　基于人工智能的科学再发现研究

随着人工智能在科学研究中不断展现出来的所能扮演的各种
可能性，一些认识论上的更加深刻的问题被不断提出。例如，人
工智能理论上能否替代人类科学家？人工智能进行科学研究的方
式和结果是否与人类科学家一样？人工智能能否做出类似人类科
学革命那种类型的科学发现，等等。为了部分地回答这些问题，
一些科学家和哲学家试图用机器学习来重现人类历史上重要的科
学发现。相对于表面眼花缭乱但其实到目前为止并没有重大科学
知识突破❷的科学新发现研究，基于人工智能的科学再发现研

❶　YANG K, SWOPE A M, GU A, et al. LeanDojo: Theorem Proving with Retrieval - Augmented Language Models [DB/OL]. arXiv, 2023 [2023 - 07 - 04]. http://arxiv. org/abs/2306. 15626.

❷　这里所谓重大科学知识突破指的是类似于科学革命那种新观念、新理论的出现。

究可以不受当前科学进展的局限，去任意探索所有已知科学理论是否都能够被人工智能所发现，并告诉我们理论上人工智能科学发现能够达到什么程度。本节首先简要回顾在深度学习借助大数据技术崛起之前基于人工智能的科学再发现和自动科学发现的相关研究，然后列举并分析当前使用机器学习进行科学再发现的一些重要的工作。我们将会在第二章介绍机器学习原理之后，在第三章再对再发现研究进行详细分析并阐述其意义。

1.2.1　早期自动科学再发现研究

人工智能自 20 世纪 50 年代诞生以来，就不断地试图通过计算机器实现定理证明和科学研究的自动化。在数学和逻辑学中有自动定理证明（automated theorem proving），美籍华裔逻辑学家和哲学家王浩就对命题演算和逻辑演算的自动证明做出了重大贡献。20 世纪五六十年代开始出现基于启发式搜索的对物理学和化学定律的机器再发现，同时相关的哲学研究和反思也开始出现。人工智能先驱西蒙（H. A. Simon）等学者自 1956 年开始就提出使用计算机程序研究创造性思维，开发了一系列的模型（Bacon 系统）并提出信息的加工理论。而同时代的认知科学中的计算主义也把人类心智类比于表征和计算，为用计算机器模拟人类的发现和创新思维打下了基础。萨迦德、丘奇兰德等科学哲学家也加入机器发现的具体工程实现并展开哲学反思，例如，哲学家兰利（Langley）使用启发式选择性搜索方法建立计算机程序来模拟科学发现的过程。同时代的另外一些科学哲学家并不认为可以通过机器实现发现的逻辑，并批评基于人工智能的关于科学发现的理论。例如，亨普尔就认为计算机不能发明新的概念，只能使用包含在计算机语言内的能够被定义的概念，同时计算机也不能设计新的实验、科学仪器以及科学方法。❶ 这些早期的科学探索和相关哲学讨论紧密围绕着科学哲学中"科学发现的逻辑"这一主题，把科学发现过程看作一种信息处理的过程，利用启发式搜索的方法寻找问题的解答路径，其思考偏向认知和逻辑主义，以自上而下的方式为主，并以人类的推理方式为原型。这种进路的优点在于符合人类思维，具有很强的可解释性，但局限在于很难发现新的科学概念，需要预先输入先验知识，对数据的种类和格式要求比较高。由于其只能利用科学实验的部分种类的数据，同时局限于计算机语法，只能计算定义良好的问题，无法解决一些复杂的科学问题。

国内哲学界对早期的机器发现实践也有大量的研究和探讨，例如鞠实尔讨论了归纳发现机器的存在与结构，论证了归纳发现方法的合理性；樊阳程对机器发现和科学创造力做了综述和反思；桂起权、任定成、王小红等对西蒙和萨迦德等的机器发现工作做了系统的介绍和分析，并就机器的再发现和启发式方法是否具有创造性进行了讨论。

❶　HEMPEL C G. Thoughts on the Limitations of Discovery by Computer ［M］//SCHAFFNER K F. Logic of Discovery and Diagnosis in Medicine. Los Angeles：University of California Press，1985：115－122.

1.2.2 发现科学概念

如果说当前机器学习应用于科学新发现中主要都是对于新的现象和经验规律的发现，例如在天文学中发现新的引力透镜和在化学中发现新的化合物等，很少有（甚至目前还没有）对于新的科学概念的发现，那么，在智能驱动的科学再发现中对于科学概念的发现其实只是低配。

"概念"这个概念在日常用语、认知科学、计算科学以及哲学等不同学科中有着不同的含义并具有不同层次。从人类认知行为的角度看，对概念的表征可能会比较简单，一个单词就可以表示一个概念，例如"猫"这个概念就可以用各种不同的语言和符号去表征。而对概念的运用却可能非常复杂，例如我们没法用很多关于"猫"的语言刻画出这个概念的全部，在使用概念中总有一些情况无法用清晰的语言进行描述。按照维特根斯坦的说法，一个概念的意义其实就在于如何去使用它。在认知科学的理论中，关于概念有至少三种不同的经典理论（原型说、样例说等）；从认知神经科学的角度可以更好地说明维特根斯坦的"使用"说，一个概念很可能编码在神经元的连接中，而神经元的连接本身没有意义，需要放到整个人类认知系统中并结合其活动看才具有意义。从这个角度去理解，人工神经网络，例如用来处理视觉的卷积神经网络❶（Convolutional Neural Network，CNN），就

---

❶ 卷积神经网络是一个传统的模型，构建于 20 世纪 80 年代，在 2010 年代凭借大数据重新展现其威力。

可以很好地构建各种"概念"的表征。例如，一个用来识别"猫"的图片的深度神经网络，"猫"的概念就编码在网络结构中，而网络结构就是用来识别关于猫的图像，网络结构的意义在于其"用法"。

当然，一个能以很高概率识别某种物体的人工神经网络是否具有关于这个物体的"概念"还有各种哲学上的争议。同时，当前人工神经网络主要还只是用相关的图片来训练模型，不同于人所具有的因果思维，机器目前能够识别图片是基于相关性，容易把图片中需要识别的物体的背景也作为一种特征加以学习。基于因果的机器学习目前还在发展中。

不同于自然语言中概念，人工语言尤其是科学语言中概念的使用相对来说更加简单，而且定义明确。科学中的"概念"自近代科学革命以来，一般都有相对比较明晰的操作上的或者形式（数学）上的定义。例如，牛顿的"引力"这个概念，虽然当时人们并不知道"引力"的本质是什么，但是我们可以给出一个明晰的可以去操作和计算的方法，也就是牛顿万有引力定律。❶科学中的"概念"大多是我们事后定义的，而不是类似自然语言中的各种概念是"学习"到的或者自发生成的。如果从模型的角度看科学理论并类比，那么科学理论中的"概念"可以看作模型中的"参数"，是一种变量。而所谓的发现科学理论的"概念"这句话比较有歧义，其实就是科学知识的发现，是确定其中的各种量和参数及其之间的关系。对于"概念"本身的认

---

❶　关于科学概念，在科学哲学中有很多不同的理论尝试去解释。

知研究还有很多争议，例如还存在一种观点认为，科学中可以不需要"概念"，❶ 这种观点与本书的底层观点基本一致——"概念"只是一种工具或者中介，最实在和基本的是人类活动本身。

综合上面的分析，从认知的角度看，无论是在自然语言中还是在人工语言中，概念都是一种用来表征某些行为的东西，是对某种行为（函数）的一种精简表达。在人工神经网络中，刚好就有一种方法可以用来压缩数据，用少量的信息来表达更多的行为，被称为自编码器，所以科学概念的再发现工作中很多研究使用的都是这一类的算法。

例如，苏黎世联邦理工理论物理研究所的科学家构建了一个基于表征学习（representation learning）的神经网络结构，用阻尼摆、角动量守恒、日心体系和量子比特的表征这四个简单系统作为研究案例，尝试不需要更多的先验知识也可以仅仅从原始数据中直接获得物理学的概念和公式。❷ 他们把构建的神经网络称为"科学网"（SCI Net），用来模仿科学家的建模和科学发现过程——从观察和实验数据中总结出理论（表征）并用于做出预测。物理学家面对在时空中运动的物体，会用该物体的空间位置和瞬时速度来刻画物体的运动，当求得两者的变化规律以后就可以预测物体的后续运动状态。如果神经网络可以成功地把观察和实验数据压缩成几个简单且互不关联的表征，并可以用这些简单

---

❶ MACHERY E. Doing without concepts [M]. Oxford：Oxford University Press，2011：230.

❷ ITEN R，METGER T，WILMING H，et al. Discovering physical concepts with neural networks [J/OL]. Physical Review Letters，2020，124（1）：010508.

的表征去对所要研究的物理系统做预测，就认为神经网络"学
习"到了相应的物理"概念"（见图 1 - 3）。

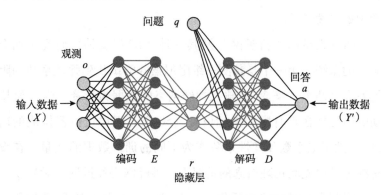

图 1 - 3　"科学网"结构

"科学网"采用表征计算结构中的自编码器来实现上述把数
据压缩到少量表征的功能，把神经网络结构分为编码（encoder）
和解码（decoder）两个部分，编码部分把输入端高维输入数据
（X）通过多层递减的神经网络映射到中间表征层的低维的输出，
再用解码部分通过多层神经网络映射到高维的输出（Y'）（见图
1 - 3）。自编码神经网络一般用编码端输入的训练数据（X）作
为解码端输出的目标数据（Y），解码端输出（Y'）与目标数据
（Y）的差作为总体损失（lost），通过多次迭代训练后，中间层
就可以看作对于输入数据的压缩表征。而具体到"科学网"，
则是输入物理对象的观测和实验数据，通过编码部分压缩到中
间的表征层，并在解码部分的第一层输入需要预测的信息（如
系统在其后某时间点的数据），最后通过解码部分的输出与需
要预测信息的正确答案之间的损失来训练。最后当训练到能够

精确地预测物理对象系统的行为后，通过看表征层的神经元是否与研究对象的某些特征有协变关系来决定是否学习到了物理学中的"概念"。

研究人员用"科学网"及其变种（RNN 变种）研究了四个简单的系统，第一个是预测一维阻尼摆并尝试找到弹性系数和阻尼系数这两个"概念"，输入神经网络的数据为沿着一维 X 轴摆动的阻尼摆在等时序的坐标位置（50 个时间单位位置构成的向量），把阻尼系数和弹性系数作为不同的训练数据的变量。在没有给出其他先验物理概念的情况下，神经网络经过训练后发现其表征层两个神经元的激活值（activations）分别与阻尼系数和弹性系数呈正相关，这说明通过训练神经网络获得了阻尼系数与弹性系数这个两个科学概念。其余的三个案例包括：构建一个旋转物体与另一个物体的碰撞并发现角动量守恒；构建对量子态的表征；从不带有假设的地球为坐标原点而观察到的天文数据中构建出日心说系统而不是地心说系统。

上述研究除了涉及物理概念的自动发现这个方法论问题，还涉及认识论的问题——人类构建的包括量子力学在内的理论，是我们从已知的数据中能得到的最简单和准确的理论吗？其中是否包含人类的某些偏见和预设？通过机器学习得到的结论和历史上人类得到的结论是否一致？人类关于量子力学的理论是不是最优的，等等。清华大学高等研究院和加州大学圣地亚哥分校的物理学家和计算机科学家尝试继续回答这个问题，他们构建 RNN 神经网络来学习基本粒子的势能与概率密度这两个数据序列之间的关系，并最终发现能够学习到薛定谔方程，他们认为人类构建的

薛定谔方程就是从已知的数据中能够得到的最好的模型，而不存在人类的偏见。❶

　　这一类找"概念"的研究从变量的选取这个角度上给我们审视人类的科学活动提供了另一个视角。上述对于薛定谔方程的研究发现人类构建的理论从机器学习的角度看可能是最好的，但这个标准并不一定适用于所有的领域。而且这类研究并不是没有任何的"假设"，而仅仅是对想要学习的变量没有任何的假设。有一类利用机器学习去学习动力系统隐变量的研究，❷ 尝试不加入"任何"预设而从高维数据（物理动态系统的视频数据）中识别（最少）状态变量。这一类研究当然也不是什么都不预设，但从视频数据这种原初（raw）数据中找变量和模式，从机器学习的角度看已经是不加任何预设了。❸ 在笔者看来，这就有点像从头去模拟人类的科学起源，"从头"指的是从人类演化中的某个阶段（甚至是从智人出现之前，毕竟当前人类的认知能力也是经历长期自然演化而来的）。把人们是如何基于对外部世界的感知而发展出一套特有的刻画世界的认知体系，同时基于这个体系逐步发展出能够越来越好地预测和控制自然世界的科学知识体系，这个漫长的过程类比机器从原始数据中获取知识，就是上面这个研究所要做的。

---

❶　WANG C, ZHAI H, YOU Y Z. Emergent Quantum Mechanics in an Introspective Machine Learning Architecture [J]. Science Bulletin, 2019, 64 (17): 1228 –1233.

❷　CHEN B, HUANG K, RAGHUPATHI S, et al. Automated discovery of fundamental variables hidden in experimental data [J]. Nature Computational Science, 2022, 2 (7): 433 –442.

❸　从哲学的角度看，使用机器学习，使用电子计算机本身就是一种预设，毕竟人们对外部世界的感知与输入计算机的内容具有不同的形式。所以当我们说是否有"预设"的时候，都是相对于某个学习主体而言的。

1.2.3 发现科学公式

科学概念和经验规律的发现是科学发现过程中的一环，是科学发现逻辑链条上最初的一环。真实的科学发现过程包括在不同的领域发现不同的概念和经验规律并最终整合为更加普适的构造性的科学理论。例如，在近代科学革命时期，作为"天空立法者"的开普勒对于"天上的规律"也就是行星运行三定律的发现，以及伽利略对于"地上的规律"也就是自由落体定律的发现，最终被牛顿统一到其力学体系中。近代科学革命以来，科学假说和科学理论，尤其是在物理学中，主要以符号公式的形式出现，❶ 那么机器学习能否在数据中学习到或者说发现科学理论及其符号公式的表达就成为一个重要的问题，有大量的对于科学再发现的研究就是针对这个问题的，下面列举一二。

麻省理工学院物理系的物理学家泰格马克（Max Tegmark）与吴泰林（Tailin Wu）提出一个通过无监督学习构建 AI 物理学家的方法，其目的不仅仅是构建人工智能物理学家，还在于通过向历史上真实的科学发现过程学习从而改善无监督学习算法来克服机器学习的一些不足。❷ 机器学习与物理学一样都力图用最简

---

❶ 这里涉及另外一个与 AI 驱动科学发现相关的问题——符号公式与大数据模型之间关系的问题，并进一步涉及在一些基础的学科例如物理学中，理论用什么样的形式来表征最"合适"的问题。

❷ WU T, TEGMARK M. Toward an AI Physicist for Unsupervised Learning [J/OL]. Physical Review E, 2019, 100（3）：033311 [2023-03-17]. https：//doi. org/10. 1103/PhysRevE. 100. 033311. DOI：10. 1103/PhysRevE. 100. 033311.

洁的模型去预测和分析世界，物理学家在历史上多次成功地做到了这一点（例如牛顿成功地对开普勒和伽利略的理论做了综合），而当前的机器学习却很难做到，如机器学习难以用一个统一的模型去刻画不同领域的数据，同时其内部也缺乏可解释性。所以泰格马克借鉴历史上物理学家一些成熟的科学发现方法，构造了一个 AI 物理学家的学习框架，其主要包含四个部分：分治算法（Divide – and – conquer）、奥卡姆剃刀（Occam's razor）、统一理论（unification）、终身学习（lifelong learning）（见图 1 – 4）。

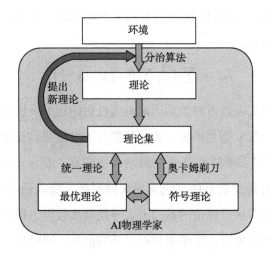

图 1 – 4　AI 物理学家框架

　　泰格马克把"理论"定义为一个二元组 (f, c)，f 是用来做预测的方程组，其中的每个方程都有其适用的定义域，当输入的观察数据 x_t 落在某个 f 的定义域中时，f 才能正常工作，而二元组中的 c 是子分类器，用来判定输入值 x_t 在方程组 f 中哪个方程的定义域中。对于要讨论的物理学问题，例如在不同物理规律下运动的物体，可以把物体在 t 时刻之前一段时间长度范围的空间坐标序列 x_t 作为输入，而把物体在 t 时刻的状态作为输出 y_t，由此对于一个在时空中运动的物体，无监督学习就可以转化为有监督学习。

AI 物理学家框架中的"分治算法"模仿历史上科学家在面对纷杂世界时候的方式——每次只关注世界的一个面向而忽略其他因素，用多个局部理论去刻画不同领域并得到在各自领域最精确的理论。泰格马克通过构建一个新的损失函数来实现"分治算法"，新定义的损失函数（式 1－1）可以同时训练多个不同的相互竞争的理论：

$$L_\gamma = \sum_t \left(\frac{1}{M} \sum_i^M l[f_i(x_t), y_t]^\gamma \right)^{\frac{1}{\gamma}} \qquad (1-1)$$

这个损失函数可以做到当同时随机初始化多个预测方程 f_i 的时候，取参数 γ 适当的值，最小化损失 L 的结果就是能够让每个选取的理论 f 都能够最好地刻画输入的数据。当 $\gamma < 0$ 时，L_γ 对于那些拟合得比较好的理论有更大的梯度，所以最小化 L_γ 的结果就是鼓励在细分理论的基础上去寻找局部数据上拟合较好的理论。这样不仅可以让模型去刻画多样的世界，同时也可以找到能够最精确刻画对象的那个理论。

在"分治算法"找到多个子理论之后，AI 物理学家的"奥卡姆剃刀"运用最小描述复杂性方法去筛选理论，AI 物理学家的最终目标是发现一个能够最小化式 1－2 的理论：

$$DL(T, D) = DL(T) + \sum_t DL(u_t) \qquad (1-2)$$

式 1－2 中，DL 表示描述复杂性，T 代表理论，D 表示理论

T 描述数据的误差。通过第一步分治算法求得的理论再通过奥卡姆剃刀的筛选，就可以得到相对比较简洁的符号化的理论。

"统一理论"用于把简单的理论综合成一个更通用的理论（类似于开普勒定律可以综合到牛顿理论定律中），即寻找符号化的理论之间的相似性构造统一的理论；"终身学习"部分把前面三个步骤得到的理论放到一个名为"TheoryHub"的库中，在遇到新问题时首先用库中的理论应对，如果不够理想则再根据一定的规则随机生成新理论重新训练，并把训练得到的较好的理论放入库中，从而获得一个可以"终身学习"的理论库。简单地说，"分治算法"用来找到多个精确的子理论，"奥卡姆剃刀"用来筛选理论并将其符号化，"统一理论"用来找到更一般性的理论，而"终身学习"用来做可累积的进步。

相比于第一个案例，泰格马克的研究更进一步，首先定义了"理论"——有不同参数的神经网络及其分类器，再通过对理论的符号化操作来筛选理论。泰格马克用两个复杂环境作为测试案例——一个是在两个邻近的电磁场中的带电双摆；一个是在四个不同环境区域（包括重力环境、电磁环境等）穿梭运动的物体。后一个环境的测试结果表明，模型可以很好地区分不同的环境区域，并对物体运动做出很好的预测，同时对训练后的神经网络参数进行分析，发现模型可以找到这些环境中的某些物理规律，如可以发现"引力"，以及简谐运动规律。

从上面的模型我们可以看到，在某些特殊的条件下，通过引入一些物理学中的"经验"的神经网络方法可以找到一些简单的规律，但这些规律需要人工从神经网络中提取，有没有一种方法能够自动地找到这些知识和物理学公式呢？泰格马克的研究团队在随后的一系列工作中引入受到物理启发的符号回归法。[1] 他们认为无论对于物理学还是人工智能学科来说，符号回归——给那些生成于未知方程的数据匹配一个符号的表示——都是一个核心的挑战，而且符号回归任务理论上是 NP 难问题。但是这个问题（用少量的符号表征数据）在物理学的历史上却比较好地被物理学家们用各种不同的方式完成，所以他们认为，自然科学尤其是物理学中的很多理论和公式都具有的一些简单特性，例如都有已知的物理学单位（units）、基本都是低阶多项式、具有组合性、大多可导、具有对称性、可分解性等，都是重要的特性。通过把这些特性加入符号回归算法中，应该能够很好地提升效能。泰格马克与乌德雷斯库（Silviu – Marian Udrescu）构建了一个递归的多维符号回归程序，并搭配可以拟合上述 6 种科学理论特性的神经网络。他们用费曼物理学中的一百多个物理学公式作为测试，发现用上述方法能够从数据中发现所有这些物理学公式，其表现好于其他的一些符号回归程序。

可以看到，泰格马克的方法，其实就是给神经网络人工提供了一些先验的知识，对于神经网络来说就是预置了偏好（bias），使用人类科学发现的历史经验给网络加上一些约束以缩小搜索的范围，让其在类似的任务中有更好的表现。同时期还有很多从其

---

❶ UDRESCU S M, TEGMARK M. AI Feynman：A physics – inspired method for symbolic regression ［J／OL］. Science Advances，2020，6（16）：eaay2631 ［2023 – 03 – 17］. https：//www. science. org/doi/full/10. 1126/sciadv. aay2631. DOI：10. 1126/sciadv. aay2631.

他方面给予神经网络不同偏好再利用符号回归来获得科学再发现的研究。例如在 1.1.1 中我们提到的在宇宙学中利用图神经网络 + 商业符号回归程序"Eureqa"来做经典牛顿物理学的再发现以及研究暗物质的工作。❶ 所谓图神经网络简单说就是给全连接的神经网络加上了一种限制，也就是引入了一种特定的网络结构偏好从而更好地学习某种特殊类型的数据，如天文学中的数据。有关符号回归和图神经网络的内容，我们在第 2 章会详细介绍。

　　上述工作的目的不仅仅是研究科学再发现，还想用一些已知有效的偏好来改进符号回归从而做更好的泛化。泰格马克团队的研究用费曼物理学中的公式来做验证，而且使用的偏好是从物理学发现中得到的，所以这类工作可以看作对西蒙的科学再发现研究的一个推进。泰格马克团队其后还做了 AI – Feynman（费曼）的 2.0 版本，AI – Poincare（彭加莱），以及从视频中自动发现物理学规律等工作，都是使用类似的方法。

　　可以看到，上述研究虽然从数据中找到了很多已有的理论，但使用的数据都是通过已知的科学公式模拟出来的。另一类研究尝试使用真实世界的数据，例如，在本章第 1 节提到的对万有引力公式的研究❷，用近三十年的天文数据训练一个图神经网络，来模拟太阳、行星和大卫星的运动，然后使用符号回归法来发

　　❶ CRANMER M, SANCHEZ – GONZALEZ A, BATTAGLIA P, et al. Discovering Symbolic Models from Deep Learning with Inductive Biases［DB/OL］. arXiv,（2020 – 11 – 18）［2023 – 02 – 08］. http：//arxiv. org/abs/2006. 11287.

　　❷ LEMOS P, JEFFREY N, CRANMER M, et al. Rediscovering orbital mechanics with machine learning［DB /OL］. arXiv,（2022 – 02 – 04）［2022 – 04 – 03］. http：// arxiv. org/abs/2202. 02306.

现神经网络所隐含的解析表达式并发现其相当于牛顿的万有引力定律。但这个研究需要预设平移和旋转的等效性以及牛顿第二和第三运动定律，同时使用的数据是当代的数据而不是牛顿那个时代的。

上述的所有研究都是在已知变量的前提下对数据进行处理，那么机器学习能否在最原始的数据中（例如视频或者图片数据）找到隐藏的变量以及变量之间的关系？有些研究力图从关于物体的视频数据中发现物理学定律，这类研究理论上也是对人类是如何发现外部世界规律的一种机器的解读。例如，泰格马克与乌德雷斯库的一项研究发展了一种采用无监督的方法从扭曲的视频中发现物理学定律的科学方法。[●] 而上文提到的对万有引力公式的研究更进一步，让机器学习程序去观察各种物理现象，不去提前预定变量的数量，而是尝试去搜索最小的能够完全描述现象的变量集合，研究者让人工智能去观察运动的混沌摇杆驱动系统的视频，从而去识别描述此类系统所需的最少的变量。

自然科学尤其是物理学中除上述的各种科学概念和科学假说和理论之外，还有在更广泛领域出现的各种守恒现象、对称性和很多理论需要遵守的"原理"（principle），这些科学知识理论上也可以通过机器学习的方法从数据中获得再发现，例如，泰格马克的研究团队在提出 AI－Fenynman 之后提出的 AI－Poincare，就

● UDRESCU S M, TEGMARK M. Symbolic Pregression：Discovering Physical Laws from Distorted Video［J/OL］. Physical Review E, 2021, 103（4）：043307［2023－03－17］. https：//journals. aps. org/pre/abstract/10. 1103/PhysRevE. 103. 043307. DOI：10. 1103/ PhysRevE. 103. 043307.

是一种可以自动地从未知动力系统内物体的运动轨迹数据中提取守恒量的程序。❶ 除此之外，还有一些通过机器学习对隐藏的对称性的研究。❷

可以看到，上述所有的研究基本都是使用当前时代的数据去进行科学发现的再研究，那么更进一步，如果回到真实的历史情境，仅仅使用历史上发现这些科学知识和科学理论时人们所知的数据会怎么样？这里又可以进一步区分为使用那个时代理论上能够得到的数据和使用那个时代实际上得到的数据。前面提到的一项用自编码器发现科学概念的研究（Iten，2020），在对日心说和地心说的研究中使用的就是哥白尼时代的地球、太阳和火星三者的数据。但是这个数据是反推回去的，不是哥白尼所获取并使用的数据。而在笔者看来，除要证明机器学习在数据充足的情况下能够发现各种概念和理论之外，要想真正地证明或者探索机器学习在真实的科学研究环境中的作用，需要真正回到科学研究的具体情境。就算是科学再发现的研究，也需要回到历史发现的真实场景并使用真实数据，这部分内容我们在第 9 章的案例研究中会再次探讨。

❶ LIU Z, TEGMARK M. AI Poincare: Machine Learning Conservation Laws from Trajectories [J/OL]. Physical Review Letters, 2021, 126 (18): 180604 [2023 – 03 – 17]. https://journals. aps. org/prl/abstract/10. 1103/PhysRevLett. 126. 180604. DOI: 10. 1103/PhysRevLett. 126. 180604.

❷ LIU Z, TEGMARK M. Machine – learning hidden symmetries [J/OL]. Physical Review Letters, 2022, 128 (18): 180201 [2023 – 03 – 18]. https://journals. aps. org/prl/abstract/10. 1103/PhysRevLett. 128. 180201. DOI: 10. 1103/PhysRevLett. 128. 180201.

1.3　当前智能驱动科学发现的局限

　　随着人工智能在科学实践中的应用越来越深入和普及，以及越来越多的机器学习工具和平台的开发，曾经需要人工智能专业博士生才能"玩得转"的深度学习，现在普通的程序员培训数日就可以直接应用，类似笔者这样半路出家的哲学研究者甚至也可以利用机器学习来做科学哲学的案例研究，人工智能的应用会越来越简便。而且随着大量预训练的语言模型的成熟（如 Open AI 的 ChatGPT），不用人工编程就可以利用人工智能进行科学研究的时代很快就会到来。机器学习在未来会在几乎所有需要数据分析的领域得到应用，必然会深度地整合到科学研究的各个环节，而且随着可解释的人工智能和因果机器学习研究的发展，人工智能可能会执行更加重要的、曾经只能是人类科学家才能完成的任务。

　　但是从目前的情况看，说人工智能能够部分替代人类科学家，或者能够发现重要的科学知识还为时过早。从人工智能参与科学新发现的情况来看，目前的发现主要还是集中于对新"现象"的发现，或者在已知某个领域基础知识和变量的前提下，对某些具体现象的经验规律和模式的找寻，也就是给某些特定现象建模。而表面看上去可能是重大的理论突破的研究案例，例如2022年6月一项对于粲夸克模型证据的找寻的研究，也是在夸克理论的基础上，对于某种理论上可能存在的新的基本粒子的证据的找寻，就算之后其成功地被实验证实确实属于重大科学发现，其本质也仍然不属于新的概念的发现，而应该归为新的经验规律的发现。

所以从目前的情况看，人工智能在科学中的作用还主要是进行数据分析和数据中变量模式（pattern）的找寻，而科学研究和科学发现不仅仅是这些，甚至不主要是这些。但现实的情况并不能说明人工智能在科学研究中存在多么大的局限，因为目前在很多领域是数据的不足而导致机器学习的应用困难，❶ 同时机器学习及其应用本身还处在高速的发展中，所以对科学知识的再发现研究可以部分地探索机器学习对科学发现可能发挥的作用。遗憾的是，当前利用机器学习进行的科学再发现研究中，绝大部分是使用模拟数据来训练模型。所谓的 "模拟" 数据就是在已知科学公式的前提下生成（generate）的数据。在这种数据中寻找生成这些数据的公式，理论上说只要数据足够多，就一定能够找得到。当然也有一些使用 "真实" 科学数据的再发现研究，例如，用动力系统的视频数据来训练模型，或者用真实的天文学数据对牛顿经典理论进行再发现研究。但问题是科学发现是一种对于未知的探索，在当前的条件下所找到的 "真实" 的数据，并不一定就类似于这些被重新发现的科学知识在首次被发现时候的科学数据。所以，如果要去探索机器学习在科学发现中可能的作用，除进行理论上的分析（分析机器学习与科学发现这两个对象）

---

❶　这里还有一个重要的方面本书暂时没有涉及，就是科学研究方式是否会因为应用人工智能而转向大数据方向发展，因为正是在新深入发展的大数据技术才导致了智能科学发现。

外，如果要做科学知识再发现的案例研究，笔者认为就需要回到首次发现的科学情境中，使用那个时代的数据。虽然可能有人会反驳说那个时代可能连计算机都没有，何谈机器学习？但是这已经是探索这个问题目前能够做到的最好的方式，同时从历史上看，各个不同时代的科学发现其实有部分的相似性，例如都缺乏数据（对于某个新的方向上），所以对人工智能在早先的科学发现中的作用的研究，对于当代和未来的科学发现与人工智能的应用都是有启示作用的，这一部分我们放到本书最后的案例研究中再去详细讨论。

第2章 机器学习

制造机器、制造自动机器、制造与自己一样甚至超越自己的自动机器是人类的追求，这似乎是人类繁衍本能的非生物版本的体现，是一种有意识地对自身异化的延续。但无论是古代的木偶还是近代的机械装置，都没有人类最重要的认知能力——学习的能力，直到可编程的通用电子计算机的出现。

人类对于什么是"计算"经过了长时间的探索，在20世纪30年代通过从三个不同方向❶对"可计算"的刻画，以及对这三个方向等价的证明——给出"邱奇—图灵论题"之后，我们大致在什么是"可计算"上达成共识。而通用图灵机的实物化，也就是冯·诺依曼首次给出的通用电子计算机制造的逻辑框架及其基于各种不同硬件的实现，就让人类真正拥有了那种能够计算所有能够被计算之事物的能力，在有了通用的计算机器之后，人类立马开始构造通用的学习机器。关于人工智能以及其中的机器学习已经有众多经典的和优秀的参考书和教学视频，本章对机器学习以及其中的人工神经网络做简单介绍，着重介绍和分析与本

---

❶ 分别是图灵机、演算和递归方法。

书主旨相关的内容，包括机器学习的目的、神经网络的通用性以及自编码器的降维功能等，在介绍的过程中尝试同时用一种科学哲学的视角来补充论述。

2.1　机器学习简介

机器学习是人工智能的一个子领域，是一种可以通过"经验"自动改善模型的解释和预测效力的编程方法。可以粗略地把人工智能程序分为两类，一类是自上而下的编程，需要程序员告诉这个程序该怎么做从而体现出一种"智能"；而另外一类则是自下而上的，程序可以"自动"地改变自身的一部分尤其是执行任务的那一部分。如果是根据输入的数据来改变自身就是一种"学习"的过程，机器学习很明显是后者。"学习"的方法可以有很多种，近十年来，人工神经网络尤其是深度前馈人工神经网络是比较流行的"学习"架构，其本质上也是一种通用的方法——任何其他机器学习方法能够学习的，人工神经网络都可以学习。我们在对机器学习一般方法介绍完之后会着重来介绍人工神经网络方法。

在严格地形式化刻画机器学习之前，我们先来看一个经典的例子——如何识别一张图片上的物体。例如，给你若干张猫或者狗的图片，让你编写一个程序来识别图片上的动物是猫还是狗（分类任务）。这个程序要以这些图片（像素点信息）作为输入，以输入图片的分类结果（区分是猫还是狗）作为输出。直接人工去手动编写识别算法将是一个非常复杂且难以完成的工作，因为自然界有各种各样的猫和狗，很难用一种通用的算法去形式化地描述何为"猫"、何为"狗"，也很难通过尽量多枚举样例的方式或者枚举特征的方式去概括这两个类别；另外，作为输入的图像也可能存在各种问题，如图像模糊、被部分遮盖等，所以仅仅刻画一些特征是不够的，识别程序还需要有一定的鲁棒性。但是，人或者说稍微高级一点的动物都可以比较好地去识别和区分猫和狗。我们是如何交给一个孩子去区分猫和狗的？用描述性的语言去告诉他们貌似是不管用的，实际上我们并没有用语言去教他们，而是给他们看图片，或者让他们看实物，他们就自动学会了识别。孩子看到实物的时候，眼睛在不断地接受大量的信息❶，通过某种我们目前还未最终了解细节的认知过程就"自动"完成了分类任务。❷ 机器学习背后的思想原理也与孩子通过看大量图片或者实物来自动完成分类一样，给机器提供大量的带有标签（label）——猫或者狗——的图片，并通过某种算法（不是直接给猫和狗分类的算法）得到一个分类函数 f，这个函数的输入是图片而输出是分类的标签，并让这个算法能够不断地根据输入的图片去改进函数 f 的分类效果。所以，机器学习不是直接编写函数 f，而是设计一个算法去现实一个功能——从图像中学习到预测效果最好的那个函数 f（见图 2 - 1）。

---

❶ 视网膜成像是二维的，我们在看一个对象的时候，因为位置和角度会不断有细微的变化，实际上可以把人脑的输入大致看作不断地有大量二维图像输入。

❷ 对人类视觉的研究已经有了很多的成果，从视网膜成像开始，视觉信息如何经过视觉通路在不同的视觉皮层通过分层的方法处理不同的特征都有详细的研究，但这一整个流程的具体运行细节暂时还未完全了解。

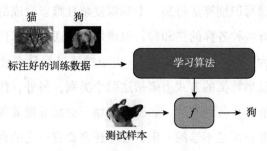

图 2-1 机器学习分类任务

图片来源：RABAN I. Representation learning for discovering physical concepts［D/OL］. ETH Zurich, 2020：10. http：//hdl. handle. net/20. 500. 11850/487996. DOI：10. 3929/ETHZ-B-000487996.

上述方法是我们常说的机器学习中监督学习的核心思想，要实现这样一个功能并不简单，因为这个算法所可能创建出来的函数空间（函数 f 的可能性）是一个庞大的数字。也就是说，理论上有很多种（其实是无穷多种）可能存在的函数 f；同时这个被算法创建出来的函数 f 还要能把握住猫和狗的决定性的"特征"，而不仅仅是一些可能关联的表象❶，因为从输入的数据中得到函数 f 的目的，就是要去应用在那些暂时还没看到的图片上，如果函数 f 只能用在已有的图片上就无法泛化，也就失去了最重要的意义。当前最流行的人工神经网络实际上是一种构建参数化函数 $f_{(\theta)}$ 的方法，可以使用各种优化的算法来选择不同的参数 θ 以使得 $f_{(\theta)}$ 最接近那个分类效果最好的 f。实践中发现，人工神经网络

---

❶ 例如，如果所有猫的图片中都有老鼠，狗的图片中都有骨头，那么很可能函数 f 仅仅能区分老鼠和骨头，如果给你一张没有老鼠的猫的图片或者没有骨头的狗的图片，函数 f 就没法正确进行分类。

在很多任务中都能够比其他的机器学习算法更好地构建出 f，同时能够较好地泛化到新的样本上。一些传统的机器学习的方法要人为地确定一些特征，而人工神经网络不用预先把一些先验的知识和特征嵌入网络结构或者学习中，是一种自动的特征学习方法。

一般我们会把机器学习分为监督学习（supervised learning）、无监督学习（unsupervised learning）和强化学习（reinforcement learning）这三种类型。监督学习就如上面所举的例子一样，用来学习的数据中要包含输入的样本以及对应的标签，也就是数据中要包含关于输入样本的"知识"。机器学习的目的就是要通过输入样本来判断出正确的标签，并把这种判断泛化到训练数据之外的样本中。而所谓的"监督"就是在机器学习的时候已经给出了正确答案来监督机器学习给出的标签是否正确。无监督学习顾名思义就是没有"监督"，也就是没有准备标签，我们不知道输入的样本是什么东西，但是要在没有标签的情况下学习到数据中的一些特征。还是举前面猫和狗图片的例子，如果给了一堆猫和狗的照片但是没有打上标签，那么想把这些照片分为两类就需要通过某种办法找到一些"特征"；如果想把这些猫和狗的照片进行某种信息"压缩"，让每一张图片的像素尽可能小，但是还要保持之前的重要特征也就是让猫还是猫狗还是狗，这样就需要找到某种专属的特征及其表示形式。虽然我们不知道这些特征是什么，但是我们知道这是一种降维的操作（如 PCA 主成分分析）。

强化学习不同于监督学习和无监督学习，其用来学习的数据不是事先给定的，而是"学习的主体"从环境中收集来的（见图2-2）。强化学习可以让主体在特定的环境中通过不断的学习来达到某个目的，例如在下棋的环境中，一个主体可以在与另外一个主体的互动中不断获得自己行为及其后果的数据，并据此来不断调整自己的行为从而达到目的，著名的AlphaGo就是强化学习极好的例子。有一种观点认为，强化学习是达到强人工智能的路径，因为无论生物种群演化还是人类个体的认知，都是为了达到某个目的，在与环境的互动中不断地学习。

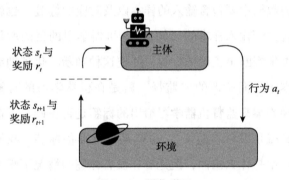

图2-2 强化学习

图片来源：RABAN I. Representation learning for discovering physical concepts［D/OL］. ETH Zurich, 2020：12. http：//hdl. handle. net/20. 500. 11850/487996.

通过上面的简单介绍，我们对机器学习有一个初步的了解，但对于本书的目的还不够清楚，下面我们更加严格地刻画机器学习。

广义上说，机器学习可以被定义为使用经验来提高性能或做出准确预测的计算方法。这里的经验指的是学习者可以使用的已知的信息，也就是上文中所说的输入数据。比较典型的信息形式是通过汇总方式收集来的电子数据，这种数据可以是标记过的数字化的训练集的形式，也可以是通过与环境互动获得的其他类型的信息。❶ 那么，对于所谓的"学习"应该如何在不失一般性的同时严格地去刻画？一种比较流行的说法是，"如果一个计算机程序在 T 类任务中的表现用 P 来衡量，P 会随着经验 E 的增加而提高，那么就可以说它从经验 E 中学习到了一些任务 T 和性能指标 P"。这个刻画非常抽象，下面分别就经验 E、性能指标 P、任务 T 举一些例子。

机器学习要执行的任务 T 的对象是基于被称为"例子"（example）的基本单元，学习过程可以看作这个机器学习系统是如何处理一个个"例子"的。❷ 一个例子可以看作我们感兴趣的对象或者事件的特征的集合，通常用一个 n 维向量 $x \in \mathbb{R}^n$ 来表示，其中向量 x 的每一个维度代表这个对象的一个特征。假设我们感兴趣的对象是"房子"，那么"房子"这个对象可以用属于哪个城市、在哪个地段、房型、社区配套如何、是否为学区房等各种特征来进行刻画，我们给每个特征一个量化的指标，就可以用一个 n 维的向量来代表这个房子。比如我们就取"城市""大小""是否为学区房"这三个特征，每一个特征都取两个值。例如"城市"这个特征取 0 时代表小城市，取 1 时代表大城市；"大小"这个属性取 0 时代表小房子，取 1 时代表大房子；"是

❶ MOHRI M, ROSTAMIZADEH A, TALWALKAR A. Foundations of machine learning [M]. Cambridge, Mass.：MIT Press, 2012：1.

❷ GOODFELLOW I, BENGIO Y, COURVILLE A. Deep learning [M]. Cambridge, Massachusetts：The MIT Press, 2016：9.

否为学区房"属性取 0 时代表不是学区房，取 1 时代表是学区房。所以我们可以用一个三维的向量来表示每一个房子，例如（0　0　1）就表示小城市的面积小的学区房，而（1　1　0）代表大城市的大房子但不是学区房。机器学习各种任务就围绕着这些"例子"来进行。

例如，我们可以做"分类"（classification）任务，目的是把这些用三维向量表示的房子分为不同的类型。分类任务可以看作执行一个映射方程（函数）f: $\mathbb{R}^n \rightarrow \{1, \cdots, k\}$。在房子这个例子中，$\{1, \cdots, k\}$ 是 k 个不同的类型，例如可以分为"值钱"房子、"一般"房子和"不值钱"房子这三种类型，而我们要找的函数 f 就是一个可以把任何一个房子归为某个类别的映射。

我们还可以做回归（regression）任务，回归类似于分类，只不过此时构建的映射 f: $\mathbb{R}^n \rightarrow \mathbb{R}$ 是一个把多维向量映射到一维实数上的函数。例如我们不是把房子的好坏分为三个等级，而是一个从 0 到 100 的区间。我们还可以做"聚类"任务，这个任务有点类似于分类，不同之处在于我们事先没有规定好种类也没有打上标签，而是让机器自己去分类。除此之外，对于不同类型的例子，我们还可以做降维、去噪等各种不同种类的任务。

至于性能指标 P 和经验 E 都比较好理解。P 往往是针对不同的任务来制定的，例如针对分类和回归任务，性能指标就可以选择为精确度（accuracy）。而经验 E 则是能够获取并作为输入的数据。

从机器学习的角度看，能够获取的数据就是"经验"，这与哲学中的"经验材料"有明显的不同。但是机器学习中的"经验"也不单单是纯"数据"，而是有结构的数据。根据能够得到的经验 E 也就是数据的不同，机器学习程序可以大致被分为前文我们提到的监督学习和无监督学习两种。无监督学习的数据集不包含先验的结构和知识，学习的目的是从数据中找到某种结构。而监督学习的数据集包含关于例子的先验知识，一般每一个"例子"都有一个"标签"以标示其所属类别。在之前关于房子的例子中，如果数据中的每一个 n 维向量（每一个房子）都有一个标志着其是什么种类的标签，那么根据这类数据学习到如何给房子分类的机器学习方法就是监督学习。监督学习的目的是根据已知的信息构建模型，从而去预测更多未知的数据。

从概率的角度看，无监督学习的目的是找到数据背后的概率分布，也就是说，如果数据集是由向量 x 构成的，那么无监督学习的目的就是找到这个向量的概率分布 $p_{(x)}$。而监督学习则是在拥有数据集向量对 (x, y)（标签 y 一般是标量）的情况下，学习如何通过 x 来预测 y，也就是找到条件概率 $p_{(y|x)}$。所以我们看到所谓的机器学习，其目的就是找到数据背后的那个"产生"这些数据的模式。无论是无监督学习还是有监督学习，这个所谓的模式与科学中的"自然规律"都非常类似。

针对本书要探究的对象——人工智能与科学发现，我们举一个简单的科学定律的例子——自由落体定律的基本公式 $h = \dfrac{1}{2}gt^2$。如果想要让机器学习算法学习到自由落体定律，任务之一就是让机器学习模型准确地预测自由落体的运动轨迹，因为构建数学公式就是为了解释和预测，所以构建机器学习模型的目的之一也是去预测。我们可以用运动物体（某自由下落小球）某一段时间的位置数据去预测下一个时间段的位置，所以能够得到的研究对象的数据集的特征有两个：一个是位置，一个是时间。我们用二维向量 x_i 表示输入数据，其中 x_1 表示时间 t，x_2 表示时间 t 所对应的位置 h_t；用 y_i 表示输出数据，y_1 表示时间 $t+1$，y_2 表示时间 $t+1$ 所对应的位置 h_{t+1}。那么我们构建模型去预测小球下一个时间段的位置，就是要找到一个函数 $f: x_i \rightarrow y_i$。这个 f 可以用不同的方式寻找，也可以用不同的方式表征。如果想最终得到形如 $h = \frac{1}{2}gt^2$ 这样用符号表达的物理学公式，可以使用符号回归的方法，这个方法我们在本章第 4 节详述。

2.2 人工神经网络

人工神经网络是实现机器学习的一种方法，市面上已有多种优秀的教科书和科普书，这里仅在满足于我们所要讨论问题的限度上对部分内容做简单介绍，详细内容推荐参考迈克尔－尼尔森的《神经网络与深度学习》。❶

---

❶ NIELSEN M A. Neural Networks and Deep Learning［M］. San Francisco：Determination press，2015.

2.2.1　从人工神经元到感知机

要了解人工神经网络就要从其最简单的组分——人工神经元开始。1943 年，美国神经学家沃伦·麦卡洛克（Warren McCulloch）与逻辑学家沃尔特·皮茨（Walter Pitts）在其合作的论文《神经活动中内在思想的逻辑演算》（*A Logical Calculus of the Ideas Immanent in Nervous Activity*）中首次提出了人工神经网络的概念并给出了人工神经元的数学模型。

美国神经科学家弗兰克·罗森布拉特（Frank Rosenblatt）在 1950 年代提出感知机（Perceptron）进一步发展了人工神经网络。人工神经元是一种对真实的生物神经元的逻辑抽象，生物神经细胞的结构大致可以分为细胞体、轴突、树突和突触（见图 2 - 3）几个部分，单个的神经细胞可以看作一个只拥有两种状态——激活态和未激活态——的机器，可以分别对应着状态"是"和"否"。粗略地看，神经细胞的状态取决于其从其他神经细胞收到的信号的量，当信号的总和超过某个阈值时，细胞体就会激发产生电脉冲，并通过轴突传递到其他的神经细胞。而人工神经元（例如感知机中的人工神经元）则从逻辑上模拟了这种机制。

感知机可以看作一种最简单形式的前馈神经网络，是一种有监督的二值分类程序，一种线性分类器。感知机接受多个二值输入 x_1，x_2，x_3，…，并产生一个二值输出 y，如图 2 - 4 所示。

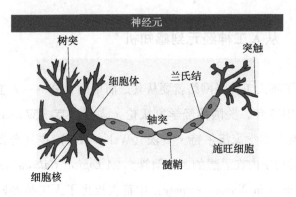

图 2 - 3   生物神经元细胞

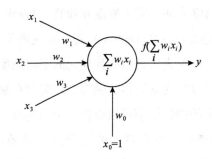

图 2 - 4   感知机

感知机的输入输出规则很简单，我们给每一个输入引入一个权重 w，取值为实数，这些权重代表了对应的输入对输出的贡献。输出值 y 可以取 0 或 1，取决于输入与权重的乘积和 $\sum_j w_j x_j$ 是否大于一个特定的我们设置的阈值。阈值与权重一样，都属于这个感知机的参数，取值范围是实数。还是用我们之前关于房子的例子来说，我们给一个房子赋予不同的属性，例如属于哪个城市、所处地段、房型、社区配套、所处学区，所有属性的输入只有两个值——好和不好，对应着输入值 1 和 0，同时输出值 y 的两个取值可以表示为"值得买"与"不值得买"。这样我们这个感知机就等价于一个决策机器，当给定权重和阈值时，我们就可以通过不同的输入来决定是否买这个房子。一个参数集合（权重和阈值）就是一个模型，调整参数就等于改变了模型，也就是改变了决策。

上述是最简单的感知机模型，不仅可以通过手工构建模型的方式做出决策，还可以通过数据来"学习"得到最合适的参数。仍然以城市买房为例子，如果手上有多个"输入 - 输出"数据，也就是多个已经发生的"决策"的数据，那么就可以通过各种自动计算的方式"调整"参数来让模型给出正确的输出，最后得到的"参数"就是学习的结果。调整"参数"的方式有很多，比较流行的方式是反向传播算法与梯度下降的结合，简单来说就是根据预测值与真实值的差距，反向地把到终点的差距传递到模型中。

2.2.2　前馈多层神经网络及其通用性

20 世纪 60 年代的感知机是一个单层的二分类的模型，能力很弱，连异或问题都无法解决，这在一定程度上导致了人工智能的第一次"寒冬"。但其实只要把神经网络加深到两层以上（见图 2 - 5），就可以跨越这个障碍，不仅能够做异或运算，还可以通过任意加宽神经网络来模拟任何函数。例如用简单的阶跃函数就可以以任意的精度实现对任意函数的模拟，虽然可能效率不高，但理论上是可行的。

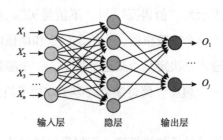

图 2 - 5　多层神经网络

2.3　降维与自编码器

　　前文已经简单介绍过机器学习中的无监督学习，这里着重介绍、分析其中的一种重要的方法——自编码器，并分析这种方法在科学发现中的作用。

　　所谓自编码器，顾名思义就是自己给自己编码，编码一般有两个作用，一个是用来加密，另一个就是用来压缩信息。自编码器在处理科学数据过程中的主要作用是压缩信息，或者是降维——把高维数据用低维变量来表征。典型的自编码器结构如图2 -6所示。

　　自编码器由两个部分组成——编码部分和解码部分。编码部分把输入映射到编码（code），而解码部分是反过来把编码解码到输出。输入、输出和编码部分可以通过不同的形式来表征，在多层神经网络表征下可如图2 -7所示。

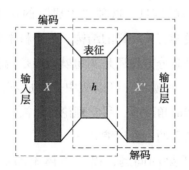

图 2-6　自编码器结构

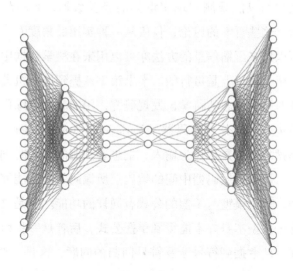

图 2-7　多层神经网络表征的自编码器

从图 2-7 中可以明显感觉到一种"压缩"的作用。如果把输入同时也作为输出，那么自编码器的作用就可以看作把输入数据"压缩"成更小的表征（中间层），并通过一种方式恢复原数据。解码的过程也是一种"生成"（generate）的过程，用少量的信息去生成更多的信息。这种"生成"的作用从形式上与科学理论或者科学模型有着一样的结构。一个科学理论无论是用何种表征方式——是微分方程还是实物模型还是概念表述，都可以看作一种"生成"的模型，可以从中去生成不同的信息。从这种工具性的和实践的角度看，科学理论可以被看作一种降维后的结果，是对外部信息的一种压缩。

这里会涉及因果的问题，以及本体论和认识论的区分问题——我们在现实世界获得的经验是不是由这些"理论"产生的？毕竟我们只能观测到现实世界的经验数据，而观测不到理论。先抛开这些哲学的讨论，仅仅从一种实用的角度看，自编码器这种可以用来压缩信息的方法亦可以用来在科学数据中获得科学发现，至少理论上是可行的。本书第 1 章提到的用机器学习从数据中获取科学概念的科学再发现研究，用的就是自编码器的一个改进版本——变分自编码器（Variational Autoencoder，VAE）。我们把单摆的时空数据作为输入，把想要预测的下一时刻的数据作为输出，那么自编码器中间的编码层所编码的就是能够产生预测的模型，这个模型与单摆的公式有同样的功能。但是这个研究或者说这个模型本身并不能得到单摆公式，后者是一种由符号构成的公式，从数据到符号涉及符号回归的问题，这是一个 NP 难问题。

2.4 符号回归

在很多案例特别是科学再发现的研究案例中，例如泰格马克团队的 AI - Feynman 系列工作，以及迈尔斯·克莱默（Miles Cranmer）等人关于数据和智能驱动天文学的研究中都能看到符号回归的使用。符号回归顾名思义是一种从数据"回归"到符号的方法，是一种特殊类型的回归分析，力图最终给出能够拟合给定数据集的最精确和最简单的符号公式。一般符号公式是通过数学表达式来表征的，符号回归方法在大多数使用情况下找到的都是一个数学表达式的空间。符号回归的基本原理是通过某种方法搜索数学表达式的组合（公式）并匹配数据，一个公式可以通过如图 2 - 8 所示的树形结构来表达。

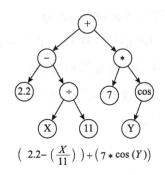

$$\left(\ 2.2 - \left(\frac{X}{11}\right)\ \right) + \left(\ 7 * \cos\left(Y\right)\right)$$

图 2 - 8 表示树（expresstree）

图片来源：https：//en. wikipedia. org/wiki/Symbolic_regression）。

如图 2 - 8 所示，通过这种树形结构可以把数学操作、常数、变量以及解析函数作为节点，通过上下位关系来构成一个数学方程。通过对这些节点的变换、替换等各种方式可以构造不同的数学方程去拟合数据。对于如何解特定的符号回归问题有很多不同的方法，例如遗传编程、贝叶斯方法以及前文提到过的泰格马克等人提出的用物理学的一些先验知识指导的

"physics – inspired AI" 等。使用符号回归有一个潜在的假设，就是由数据所代表的各种现象产生的"原因"，也就是这些现象背后的（自然）规律可以或者近似可以由（数学）符号及符号之间的操作来表征。这就有一个在科学发现再研究中使用符号回归的预设问题，因为我们知道所要找的规律是可以用数学公式来表达的，所以才采用符号回归，而且我们甚至会把符号限制在一个有限的范围内。所以，在对物理学和天文学的再研究中可以直接使用符号回归，在一些经济和金融的商业应用中也可以使用，但是很少看到在生物学中使用，更没看到在机器视觉和自然语言处理（Natural Language Processing，NLP）中使用。符号回归与神经网络各有所长，虽然两者都可以起到对数据的压缩和降维的作用，但是神经网络适合处理变量更多的系统，而符号回归适合处理更加简单的对象，两者的结合可以加速从数据中找到规律。

2.5　人工智能的可解释性

人工智能中的机器学习（神经网络）模型是一种通用的数据和信息处理的方法，当被用于不同的领域时，其结果需要被"解释"才能构成"意义"。当然在很多领域，短期内可能不需要过多地追求"意义"而只需要执行的结果达到一定要求就可以，可以仅仅把机器学习模型当作一个黑箱来处理，例如，在某些商业领域尤其是与视觉相关的商业领域。但是一方面不透明的黑箱会阻碍机器学习效能的进一步发展和在各个领域的应用，因为科学家和工程师不知道机器为何达到这样的效果就无法进一步在理论的指导下改进模型和训练方法；另一方面，我们使用机器学习的目的也不仅仅是达到效用，"理解"本身也是目的之一，尤其是把机器学习运用在科学发现上的时候。科学的一个重要的认识论目的（很多人认为是最重要的认识论目的）就是提供对世界的解释和理解，而人们必须在理解科学理论和知识的基础上才能理解科学所提供的解释。实际上，除深度学习以外，传统的机器学习方法有比较坚固的数学基础，人们清楚机器为何以及如何能够学习到知识，而深度学习目前还没有统一而坚实的数学基础。深度学习的可解释性是近期和未来人工智能领域的研究热点，涉及模型的可解释性以及因果性等诸多内容，由于这是一个高速发展的领域，时刻都有新的突破，因此本书不一般性地涉及机器学习的可解释性，而主要针对其在科学中的应用与可解释性的关系做一些综述和分析。

机器学习的可解释性有多种不同的研究进路，也有不同的术语体系，例如对可解释的人工智能（explainable artificial intelligence）的研究、对具有信息指导的（informed）机器学习的研究，以及对可理解的智能（intelligible intelligence）的研究，等等。有一个研究组对用于自然科学中的机器学习做了综述研究❶，并基于对可解释的机器学习中关于"可解释"（explainable）的不同解释，统一地提出了三个不同层次的可解释性，分

---

❶　ROSCHER R, BOHN B, DUARTE M F, et al. Explainable Machine Learning for Scientific Insights and Discoveries ［J］. IEEE Access, 2020, 8：42200－42216.

别是透明性（transparency）、可解释性（interpretability）和可说明性（explainability）。

透明性主要是关于机器学习方法本身，如果说一个机器学习方法是透明的，表明该机器学习方法从训练数据中抽取模型参数以及用测试数据去产生标签的过程可以被清晰地描述。这包括模型的结构、模型的单独组成部分、学习算法等都需要是透明的。该研究组区分了三种透明性：模型透明性、设计透明性和算法透明性。可解释性不仅关心机器学习模型还关心数据及其与模型的关系。他们定义的可解释性就是通常深度学习黑箱理论所说的可解释性，机器学习模型中的结构、参数和输出要能够让人看得懂，也就是让人能够明白其"意义"。可说明性不仅包括模型和数据，还包括构造模型和数据并给予其意义的人的环境。可说明性仅仅通过算法难以实现，还需要具有本领域的知识（domainknowledge），需要解释机器学习模型最后给出的结果的原因。这种原因解释的是为什么输入数据集 A 后给出的结果是这样的，而不是为什么数据集 A 和数据集 B 给出不同的结果，后者是可解释性的问题。所以可说明性是与机器学习的使用者的目的相关的，寻找说明的理由一般有四种：去判别做出的决策的正确性，去增强控制，去改善模型，去发现新的知识。

这种对于可解释性的区分比较明晰，把模型本身的可解释与模型—数据的可解释，以及模型—对象的可解释分开。那么前两种可解释就与机器学习理论本身相关，第三种则需要考虑到机器学习所应用的领域。对于我们的研究目的——科学发现——来说，获得的科学发现明显需要诉诸第三种可解释性。具体到机器学习模型，一般通过对输出的解释和对模型结构的解释来连接到科学发现，这两种也可以粗略地对应到监督学习和无监督学习。

第3章　人工智能与科学发现的层级

科学有多重面相，可以从知识体系、科学方法、社会组织、思想文化和实践活动等多个角度去理解和分析，而科学知识体系以及科学知识的发现是其中最外显也是最重要的一个层面。要透彻地分析人工智能在科学发现中已有的和可能的作用，需要先界定清楚所要探讨的科学发现的范围和特性。本章首先框定"科学发现"的范围和内容，把要讨论的科学发现控制在对科学知识的发现这样一个范围；然后在参考逻辑实证主义和爱因斯坦等关于经验与理论的论述的基础上区分不同种类的科学知识；并综合参考已有的几个对科学发现不同种类区分的研究，区分四个层级的科学发现；最后基于对科学发现层级的区分去考察已有的智能驱动的科学新发现和再发现达到的层级，并提出一个有可能在真实的科学新发现中发现新概念和新思想的机器学习路径。

3.1　科学发现、科学知识及其种类

聚焦人工智能与科学发现的关系，目的是了解人工智能尤其

是机器学习能够带来什么样的科学发现，并分析和探究机器学习在科学发现中扮演的角色以及今后可能发挥的作用。那么就需要先说明什么是科学发现，界定我们要讨论的科学发现的内容和范围，即本书的主题"科学发现"到底要发现的是什么，而不能在一般常识的意义上去泛泛地谈论。这个初看上去是一个简单的问题——科学发现不就是要发现人类引以为豪的科学知识吗？但什么才可以算作科学知识？是科学期刊和教科书上的科学理论还是计算机中或者科学家脑中的科学模型？发现一些新的或者异常的现象算不算是发现科学知识？生产科学仪器和操作科学仪器的知识和技巧算不算科学知识？又或者科学家萌发出的一些新的科学思想和洞见，虽然还没有用数学进行刻画但可以用自然语言进行表达算不算科学知识？

　　科学发现本身是一个比较模糊的概念，在科学哲学长久以来的讨论中也是在逐步地被厘清。斯坦福哲学百科全书中"科学发现"这一词条对科学发现做了这样的描述："科学发现是成功的科学探索的过程或产品。发现的对象可以是事物、事件、过程、原因和属性，也可以是理论和假设及其特征（例如其解释能力）。大多数关于科学发现的哲学讨论都集中在新假设的产生上，这些假设符合或解释了给定的数据集，或者允许推导出可测试的结果。关于科学发现的哲学讨论一直是错综复杂的，因为'发现'一词被以许多不同的方式使用，既指结果也指探究的程序。在最狭隘的意义上，'发现'一词指的是拥有新见解的所谓'尤利卡时刻'。在最广泛的意义上，'发现'是'成功的科学努力'的同义词。关于科学发现的性质的一些哲学争议反映了这些术语

的变化。"❶

可见，从最广义的那种包含所有对于成功科学的努力和各种要素，到最狭义的某个思想火花迸发的时刻，从科学的最终产品到科学活动过程，科学发现可以从不同的尺度和角度去理解。而我们一般从直观上理解，科学发现最首要的目的就是去发现科学知识，因为发现某种科学方法或者科学仪器的最终目的也是要去发现科学知识。科学知识既可以看作是科学活动的一个结果，也可以看作后续和更深入科学活动的起点和中介，是我们达到科学理解的基础，也是我们运用科学对世界做预测的工具。所以，我们在本书的第 1 部分就把科学发现限定为对科学知识的发现，把人工智能对科学发现的作用限定为对科学知识发现的作用。❷

那么接下来的问题就是——什么算是科学知识，科学知识有什么特征，有什么样的种类，有没有内部的层次等问题。从科学哲学或者说哲学的传统上看，有一种经典的关于科学知识的看法，被很多人称为"理论中心"（theory - centric）的科学知识观点。这种观点认为，科学知识由那些关于世界的被证成的真信念（justified true beliefs）构成，这些真信念是通过经验

---

❶　SCHICKORE J. Scientific Discovery ［DB/OL］. The Stanford Encyclopedia of Philosophy, 2018 ［2023 - 03 - 20］. https：//plato. stanford. edu/archives/sum2018/entries/scientific - discovery.

❷　广义的科学发现除如上所述外，还包括很多重要的事物，例如实验仪器、科学研究方法甚至是科学发现的社会因素，等等，这些因素在我们所关注的科学知识的发现过程中都会体现并有重要作用，这些部分在我们后面章节关注科学实践的时候会涉及，但不是作为科学发现的"目的"，而是作为达到科学发现目的的一种手段。实际上绝然地区分科学知识与科学过程本身是不"科学的"，但这种区分可以在维特根斯坦的意义上作为我们达到目的的一种脚手架。在通过这种区分并对科学知识做分析之后，我们最终谈论的"科学发现"是不需要这种科学知识和科学过程的区分的。

的方法所获得的，而经验方法的目的是去检测那些刻画和解释关于实在的某个方面的某些陈述的有效性和可靠性。❶ 例如，我有一个关于"金属受热会变红"的信念，然后我运用观察和实验的方法多次去证实了我的这个想法，这就叫通过经验去证成我关于"金属受热会变红"这个真信念，同时这句描述也就成了科学知识。因此，这种观点会认为那些发表在科学书籍和科学杂志上的观点、陈述和某些主张（claims）就是科学知识，这些主张可以用自然语言也可以用形式化语言去表述。这一类观点其后受到另外一些强调科学模型和科学实验的科学哲学家的挑战，认为科学活动中的模型、建模方法、实验方法等也应该纳入我们对于科学知识的理解，而不仅仅是那些命题语句。

　　抛开哲学争论，按照常规的理解，理论物理学中的经典力学和量子力学、生物学中的 DNA 模型、达尔文的进化理论、宇宙学中的宇宙大爆炸模型等都可以看作科学知识，这一类的科学知识中既有所谓的理论，也有各种理论模型。在各个学科内部还有大量的定律，尤其是大量的经验定律，例如自由落体定律、热力学中的盖吕萨克定律等。当然还有大量的、具体的关于某类事物或者单个个例"知识"，例如某种病毒的特性、某个基因的特征以及人类某个脑区有多少神经元等，这一类也被看作科学知识。除此之外，还有一些看上去比科学"理论"层次更高、更加普适一些的原理或者"定律"，例如，热力学第一定律（能量守

---

❶　LEONELLI S. Scientific Research and Big Data［DB/OL］. The Stanford Encyclopedia of Philosophy, 2020［2023 - 03 - 20］. https：//plato. stanford. edu/archives/sum2020/entries/science - big - data.

恒）和第二定律（熵增定律），相对性原理和光速不变原理，最小作用量原理，等等。上述这些各个学科中的"科学知识"可以用多种形式来表征，例如通过自然语言表述、通过数学公式和数学模型表达、通过科学仪器和实物模型实现、通过计算机模型模拟等。而我们通常在比较含混意义上所说的"科学理论"往往是泛泛地综合了上述几种表征方式特别是自然语言和数学公式的方式。我们常说的"科学理论"可以看作科学知识的子集，但是这种说法比较含混且没有进一步细分（虽然实际上的细分也充满争议），我们之后提到"科学理论"的时候都不是在这种含混和笼统的意义上，而是在一个更加精确的与"模型"和"定律"进行区分的意义上的，● 指那种主要由抽象概念组成的理论。

科学知识具有不同的种类和层级，作为科学知识子集的科学理论在传统的观点上是科学知识的核心，提供一种对于外部世界的系统的理解和解释，其内部也有不同的种类和层次。如果要厘清机器学习在科学知识发现中的作用，首先要对科学知识和科学理论划分种类和层级。科学知识内部明显是有不同层级的，例如牛顿第二定律与开普勒三定律就有明显的不同，前者是一个公理化体系中的公理，曾经作为一个科学假说而提出；后者是经验定律，可以直接从经验数据中获得而且没有引入额外的变量。● 而科学假说（科学理论）内部也有明显的不同，例如牛顿热力学

● 在对于科学理论的哲学分析中，有一种基于"模型"的理论观，本书会在第 2 部分涉及。在第 1 部分我们还是把理论和模型分开对待。

● 这里所说的没有引入额外变量指的是与数据相关的变量之外的变量，例如我们仅仅从一个弹簧振子的时空运动数据中得到"弹性系数"这个量，就是引入了额外的变量。

第二定律与热力学第一定律就非常不一样，前者描述的是动力学，而后者讲的是一个原理性的限制。早期的逻辑经验主义者区分了经验规律和科学理论，认为这两者之间需要通过某种桥接原理（或者对应规则）来联系。例如卡尔纳普认为在科学中最重要的两类规律的区别是经验规律和理论规律，经验规律是关于可观察事物的规律，它所包含的语词或是直接用感官可观察的或是用相对简单的技术可测量的，有时这样的规律被称为经验概括，它提示出这些规律是通过概括观察和测量所发现的结果而获得的。这一类的规律不仅包括了简单性的定性的规律（例如"所有的天鹅都是白的"）也包括定量的规律，例如热力学中关于气体的压力、体积和温度之间关系的定律。而卡尔纳普把理论规律称为第二种规律，也称为抽象的或者假说的规律。理论规律与经验规律的不同在于包含着不同性质的词语，前者不涉及可观察的东西，它们是关于诸如分子、原子、电子、质子电磁场以及其他不能用简单的、直接的方法来测量的实体的规律。❶ 理论规律比经验规律更加普遍，也就是说理论规律的适用性更加广泛，一个理论规律可能包含诸多经验规律的适用范围。但是理论规律不能简单地通过概括经验规律来直接得到，而得到理论规律的过程也就是科学假说发现的过程❷是被逻辑经验主义排除在所谓的"理性重建"之外的，同时理论规律与经验规律发生关系的方式类似

---

❶　卡尔纳普. 科学哲学导论［M］. 张华夏，李平，译. 北京：中国人民大学出版社，2007：220.

❷　这个过程刚好是机器学习的难点。从经验到经验规律是机器学习拿手的领域，而从经验规律到理论规律，就类似于从开普勒三定律结合伽利略的自由落体定律是如何到牛顿定律的，这个过程包含了太多科学明面之外的因素。

于经验定律与个别事实发生关系的方式。❶ 内格尔也同样对科学定律做了区分，他称之为"实验定律"和"理论定律"。❷

卡尔纳普通过是否可观察来区分经验规律和理论规律，虽然一直受到诟病❸，他自己也多次弱化可观察的条件以及可观察和不可观察之间的界限，但如果不把这种区分用于对科学理论的"理性重建"，那么这种仅仅要表明科学规律的几种不同特征和获取方式的区分方法还是得当的，至少符合我们对科学理论和科学知识分类的要求。经验规律和科学理论本身是存在的，其在大多数情况下被发现的不同方法和途径也是比较明晰的。特别是在当前数据密集型的科学领域，经验规律体现得尤其明显，实际上大多数通过数据分析直接得到的知识❹，都可以看作广义上的经验规律；而有一些通过符号回归得到的对于数据的模型，则可以看作卡尔纳普意义上的"科学理论"。

有意思的是，卡尔纳普的这种行为导向的区分恰恰可以很好地在人类科学和人工智能科学之间做出对应。如果用机器学习过程作类比，所谓的"可观察"的句子中的概念，即观察和实验数据所表示的量，其性质与机器学习所使用的输入数据中的变量一样，都是可直接观察到的，例如某个具体对象（正在做自由落体的小球）的时间和空间数据。当用数据去表示一个对象时并不

---

❶ 卡尔纳普. 科学哲学导论［M］. 张华夏，李平，译. 北京：中国人民大学出版社，2007：223.

❷ 内格尔. 科学的结构［M］. 徐向东，译. 上海：上海译文出版社，2002：90.

❸ 虽然整个20世纪后半叶对这种区分的批评一直是主流，但这种区分本身在大多数情况下还是合理的。

❹ 这种知识可能蕴含在机器学习的模型当中，可能可以被理解也可能当前无法被理解。

是随意地给出数据及其类型，"数据"之为数据的前提是关于某个变量的"数据"，就算是用于机器学习的原始视频数据也是同样的。❶ 而所谓"不可观察"的句子对应到机器学习模型，则是从训练好的机器学习模型中提取出来的，与输入数据变量不同的用来表征和预测数据变量的更加"抽象"的变量。例如前面提到的泰格马克团队用符号回归的方法对科学再发现的研究中得到的解析公式，以及另一个研究中从阻尼摆的时空数据中提取的弹性系数和阻力系数这两个变量。机器学习过程与人类的科学发现过程的一个重要区别，就是不可观察的变量在机器学习中可以通过某些"形式化"的方法从可观察的变量和数据中得到，而在人类的科学实践中，这个过程不是那么明晰。人类科学实践中的这个过程有可能有迹可循，也有可能看上去完全是某种天才的创造，这个过程是逻辑实证主义早期拒斥的"科学发现的逻辑"过程。所以是否存在"科学发现的逻辑"是人类科学发现和机器自动科学发现之间关联的关键，我们后文会经常涉及这个问题。❷

---

❶ 视频数据看上去是一种原始（raw）的数据，但是仍然涉及默认的变量，至少是与光信号相关的数据。

❷ 在20世纪厘清科学发现概念的过程中，一些科学哲学家主要是逻辑经验主义者，首先是区分了发现的语境和辩护的语境。发现的语境不同于我们这里说的科学发现，而仅仅指提出科学假说的过程，这个过程当初被认为没法严格地和形式化地研究，其内容属于心理学范畴，而辩护的语境主要关注如何去证实或者证伪一个假说。我们从科学哲学中的发现的语境和辩护的语境的综合意义上来看待"科学发现"，也就是整个科学假说提出并被确认的整个过程。人工智能科学发现其实正是包含科学发现上述两个方面——从数据的角度看，训练集是用来发现，而验证集则是用来证实；而从训练的过程来看（例如从前馈多层神经网络的训练过程来看）反向传播算法是在构建假说（模型），而计算损失函数则是在证实/证伪模型。

对于科学知识中的"理论规律"，也就是我们区别于定律与模型的"科学理论"，爱因斯坦则又区分了原理理论（principle theories）与构造性理论（constructive theories）。所谓构造性的理论，就是给所感兴趣的对象建立一个构造性的模型，而不仅仅是从经验现象中直接抽取规律。牛顿力学理论就是一个构造性的模型，如牛顿第二定律 $f = m \cdot a$，就是针对特定现象的建模，从对象中我们能看到速度、加速度，能测量到重量（质量），能够测量到所谓的"力"，然后用这些变量来构造一个模型来刻画它们之间的关系，这种关系往往不是能够直接从经验中得到的。而一个原理性的理论则由一组单独得到充分证实的、高层次的经验性概括组成，例如热力学的第一定律和第二定律。❶ 在爱因斯坦看来，对事物的最终的和最精确的理解需要构造性的理论，但是构造性理论往往因为缺乏足够的约束来缩小可能的理论范围而导致过早地尝试，这样发展出的建构性理论会阻碍理论的进步。原理性理论的功能就是提供这样的约束，而在理论上取得进展的最佳方式就是首先把精力集中于建立这样的原理。根据爱因斯坦的说法，他就是这样取得相对论的突破的，他认为相对论就是原理性的理论，❷ 其中的两个原理分别是相对性原理和光速不变原理。根据爱因斯坦的划分，如果对应到牛顿力学，其原理性理论则是相对性原理和绝对时空原则。原理性理论是一种约束，从机器学

❶ HOWARD D A, MARCO G. Einstein's Philosophy of Science [DB/OL]. The Stanford Encyclopedia of Philosophy, 2019 [2023-03-20]. https://plato.stanford.edu/archives/fall2019/entries/einstein-philscience.

❷ Einstein A. Time, space, and gravitation [J]. Science, 1920, 51 (1305): 8-10.

习的角度看就是需要加入的先验知识，是关于理论的理论，在理论选择中需要加入的东西都可以被看作原则性理论。

综合以上的内容，我们可以把那些刻画和解释自然规律的陈述分为经验定律和理论两个大的类别，它们是两种全然不同的科学知识类型，无论是获得的方法还是其作为预测和解释工具的使用方法，都是不同的。其中科学理论又可以分为构造性理论和原理性理论。但除此之外，那些可以用来推导出或者归纳为经验定律的各种现象，尤其是能够被经验定律和科学理论解释的现象也是一种类型的科学知识。所以我们在此把科学知识区分为现象、经验定律、构造性理论和原理性理论这四种类型。

到目前为止，关于科学知识和科学理论的分类都并没有区分不同的学科，但是不同的学科领域，甚至是同一个学科内部的不同子学科和领域都有巨大的差别，那么我们的区分是否适用所有的自然科学？❶ 物理学和生物学的研究范式有很大的差别，国内也有学者以生物学作为基础提出第二类的科学这种说法。生物学中的各个分支例如分子生物学与演化以及生态学的研究方法也很不一样，其中对于"知识"的结构、内容、证明方法等都有很大的差别。但是四阶层区分仍然大体是适用的，因为把科学知识区分为现象、经验定律、构造性理论和原理性理论，本质上是一种认识论的区分，是根据我们是如何跟对象打交道以及如何寻找知识的方法和程度来区分的。尽管在不同的科学领域不同种类的

---

❶　尽管自然科学范围精确界定也是有争议的，例如研究人类的认知和意识的学科是否算作自然科学？但大致的范围有一定的共识，本书把认知科学也作为自然科学。

知识的比重和关系不尽相同，例如，在物理学中构造性理论和原理性理论往往能够很明显地加以区分，而在生物学中则不一定，但是并不代表在将来的生物学中就不能够有明显而重要的"第一性原理"。

3.2 科学发现的种类和层级

我们把科学发现限制在对科学知识的发现上，暂时不包括具体科学方法、仪器等其他科学实践过程中必不可少的要素，那么科学知识的种类就是科学发现的种类。上一节中，我们把科学知识分为现象、经验定律、构造性理论以及原理性理论四个种类，那么科学发现也按照这四类区分。既然是科学发现，不免就会有难有易、有先有后，那么科学发现的不同种类之间是否有层次的区分？是否某些更容易达到而某些更难一些，且对于人类科学家和机器来说是否有所不同？我们首先看一下目前对机器的科学发现研究中是如何给科学发现分类和分层的。

科学发现其实就是对新的科学知识的发现，科学发现就是某种意义上的创新——对旧的理论的创新。哲学家埃马努埃莱·拉蒂（Emanuele Ratti）用生物学和基因组学中应用机器学习的案例，给出了机器学习在生物学中能够达到的创新的层次（novelty）❶。他采纳了哲学家道格拉斯与马格努斯所区分的四种不同层

❶ RATTI E. What kind of novelties can machine learning possibly generate? The case of genomics [J]. Studies in History and Philosophy of Science Part A, 2020, 83: 86－96.

次的"创新"❶, 定义了什么是机器学习用于科学活动中的创新——能够发现未知的现象或者可以修改已有的理论, 然后给出了生物学中创新的三个层次。道格拉斯与马格努斯所区分的四种创新层次分别是数据、现象、理论和框架。数据就是如其字面意义, 大致对应于机器学习中的数据点, 是科学研究中最原初的观测值, 如散点图上的单个的点。现象可以被理解为数据中的"模式"(与科学中的经验定律类似), 如散点图上由单个点组成的曲线, 从数据到现象需要统计和分析等方法。理论可以被看作模型的集合, 可以用来预测现象。而框架则是那些隐含在理论之后的同时对于形成理论是必须的假设, 包括一些辅助假设以及可以让理论产生确定预测结果的一些承诺。埃马努埃莱·拉蒂基于上面的四种区分, 再根据生物学和基因组学的特性, 把机器学习在生物学应用中的发现分为三个层次。第一个层次是最弱意义上的, 机器学习从数据中获得的发现(例如某种模式)是理论上已经存在于"模型家族"(modelfamily)当中的。针对一些现象, 特定的生物学理论蕴含着一个模型家族用来解释和预测, 而第一个层次的发现就是帮我们找到这些模型, 这个层次的发现属于库恩所说的常规科学活动。第二个层次上, 机器学习从数据中获得的模式会提示我们针对某些现象的模型家族出现问题, 从而提示我们去修改"theory - driven"意义上的理论。而第三个层次, 机器学习从数据中获得的模式则提示我们去修改"theory - inform"意义上的理论, 也就是理论框架可能出问题了。可以看到他这个

❶ DOUGLAS H, MAGNUS P D. State of the Field: Why novel prediction matters [J]. Studies in History and Philosophy of Science Part A, 2013, 44 (4): 580-589.

三个层次的划分对应着我们对于科学知识的种类划分的后三个。通过对实际机器学习在生物学中的应用案例以及分析，埃马努埃莱·拉蒂最后得出的结论是机器学习只能得到第一个层次的发现。

德国马克思普朗克研究所人工智能与科学交叉学科的科学家联合物理、化学、生物以及人工智能科学家，基于科学哲学家亨克·特雷特（Henk W. de Regt）关于科学理解的理论，探讨了人工智能当前以及未来在何种程度上能够帮助甚至独自获得科学理解。[1] 特雷特在其获拉卡托斯奖的著作《理解科学理解》[2]（*Understanding Scientific Understanding*）中提出一种关于科学理解的语境性的理论，这个理论基于一种对于科学"说明"的"基于模型"的解释（这类理论我们在科学理论的结构中会提到），认为科学家们如果能够基于与现象 P 相关的理论 T 构建一个合适的模型，那么科学家们就可以达到对于现象 P 的理解。根据这种科学实践哲学中的基于模型的对科学理解和科学理论的解释，模型不是从理论或者经验直接演绎出来的，所以构建这样的模型需要涉及实用的（pragmatic）判断和决策，例如会涉及理想化（idealization）和近似化（approximation）。而决定哪些理想化和近似化在特定情况下是合适的是属于科学家的专业知识和技能问题，这些技能随着相关科学理论的变化而变化。为了构建一个对

---

[1] KRENN M, POLLICE R, GUO S Y, et al. On scientific understanding with artificial intelligence [J]. Nature Reviews Physics, 2022, 4 (12)：761 – 769.

[2] DEREGT H W. Understanding scientific understanding [M]. New York：Oxford University Press, 2017.

于现象具有解释性并提供理解的模型，科学家需要考虑到模型所依据的理论（尽管模型不能直接从理论导出），如果科学家想理解一个现象（即要构建出具有解释性的模型），那么科学家首先必须理解相关的理论。所以特雷特提出一个概念叫"可理解性"（intelligibility），即理论 T 对于科学家来说必须是可理解的，他们才能够构建出具有解释性的模型。可理解性可以衡量科学家的（构建模型的）技能和理论的质（quality）之间的"匹配"程度，只有当理论对他们来说是可理解的，科学家才能以富有成效的方式使用它们。可理解性被特雷特定义为科学家赋予理论 T 的质的一种价值，有助于对于理论 T 的使用。特雷特提出的这种可理解性不是理论的一种内在属性，而是被科学家赋予理论的一种"价值"。所以可理解性是语境依赖的，因为科学家关于一个理论的质的价值判断会随着他们的技能而变化。❶

马克思普朗克研究所的科学家们基于特雷特的理论提出了人工智能对科学发现和构建新的科学理解能够做出贡献的三个维度：第一个是作为计算显微镜提供科学实验目前还无法获得的信息，这个角色类似于一种揭示物理系统特性的仪器提供新的洞察，人类可以把这种洞察提升为科学理解；第二个是人工智能作为一种人造的缪斯（Muse）提供新概念和新想法的来源，扩大人类的想象力和创造力范围，并被人类科学家理解和概括；第三个是人工智能作为一个真正具有理解力的主体（agent of understanding），代替人类归纳观察结果并把概念运用到新现象。在前

---

❶ DE REGT H W. Understanding, Values, and the Aims of Science [J]. Philosophy of Science, 2020, 87 (5): 921–932.

两个维度，机器给人类赋能并帮助人类获得新的科学理解，而最后一个维度中机器自己就能够获得理解。研究者认为在人工智能驱动的科学发现中重要的是要去发现新的科学理解，而不仅仅是获得那些表面看上去很准确的"预测"。这个观点与本书的部分目的是一致的，一方面，智能驱动的科学发现如果仅仅停留在有效的预测而无法去理解现象并不符合人类的科学目的；另一方面，如果要更好更有效地去预测和发挥人工智能在科学中的作用，或许让 AI 去理解才是最快、最好的方法。可以看到这种三分类中的第一个维度类似于现象层次，第二个维度类似于经验定律层次，而第三个维度，也就是基于理解基础上的创新就类似于构造性理论与原理性理论维度。

综合上面几种虽有不同但大致类似的分法，以及我们之前对于科学发现的分类，我们最终还是把科学发现分为四个递进的层级：第一层是现象的发现；第二层是经验规律的发现；第三层是构造性理论的发现；第四层是原理性理论的发现。这四个层级的发现是针对人工智能科学发现来划分的，对于待处理的数据来说，四个层级的"科学知识"的抽象程度不断提高，也就是可泛化的范围越来越广。

3.3　智能驱动科学发现的层级

人工智能不仅能够带来科学发现，还能改变科学游戏的规则，我们首先考察人工智能当前能够做到哪个层级的科学发现，再分析其可能达到的层级。

3.3.1　当前人工智能能够达到的发现的层次

　　我们根据科学知识的种类把科学发现的层次分为现象、经验规律、构造性理论与原理性理论四个层次。回顾第 1 章所例举的机器学习在不同科学领域应用的例子，可以看到在科学知识的新发现领域，机器学习目前只能达到前两个层级也就是新现象的发现和经验规律的发现。例如，在天文学中机器学习可以帮助发现新的引力透镜，就是根据已知的天文学知识以及大量的已经人工判定为引力透镜的图像材料，通过监督学习对大型天文望远镜巡天收集到的超大数据库中的图像进行筛选并发现新的引力透镜，这是一种典型的对新现象的发现。结构生物学中著名的AlphaFold智能程序对于蛋白质氨基酸序列与蛋白质折叠关系的预测❶则是典型的对经验定律的发现。但目前（截至 2023

---

　　❶　对于 AlphaFold 的发现可能会有一些争议，我们对于蛋白质的氨基酸序列与蛋白质的折叠之间的关系并不十分清楚。机器学习程序能够有较高的准确率去预测两者之间的关联，可以认为找到了它们之间的一种复杂的关系，这种关系不同于传统的用符号表征的定律，而是一个复杂的模型。至于这个复杂的模型最终能够表征为解析公式或者符号公式要看具体领域的复杂程度，在物理学中学习到的很多模型最终可以用符号回归的方式表达成符号公式（AI‑Feynman），而生物学要研究的对象更加复杂，可能其本身就无法被解析地表达，但我们仍然可以把这样的能够有预测力的模型称为经验定律。有一些观点认为，作为一个"定律"需要有解释力，否则就不是定律而是模型。有解释力的定律与有预测力的模型之间的区别涉及相关性与因果性的区分，解释力的一个重要的作用就是能够描述因果机制。类似 AlphaFold 这样的模型在某个领域已经具有了很高的预测能力，这代表其抓住了这个领域当中的某个"因果"的特征，不同在于我们目前还没有能力去打开这个黑箱，所以我们仍然把这类模型看作经验定律，只不过不是传统的那种。

年 2 月）还没看到在科学前沿的新发现领域有对构造性理论和原则性理论的发现，一个可能的原因是目前在机器学习所应用的科学领域还没有发展到有新的构造性理论和原理性理论出现的阶段，也就是还没有新的东西可供发现。另一个可能的原因是机器学习甚至整个人工智能方法原则上就没能力发现这两个层次的新东西，对于这个原因我们后面会详细阐释不同的观点。

这里需要澄清的一点是我们在谈到科学知识时还会有"规律"和"机制"的不同。这里说的机制指的是一个自然过程当中的与事情发生的因果机制相关的知识，是去表征一个现象是如何在时空中发生的，也就是去寻找某个现象背后的"为什么"。机制一般是基于规律而产生的（至少从认识论上是基于规律的），例如蛋白质的折叠机制，指的是蛋白质的氨基酸序列是如何折叠成这个样子的，是历时的过程，是一个因果的链条。但是这个机制是要基于一些更加基本的自然规律，一些可能当前还不太清楚的规律，例如在蛋白质折叠这个例子中可能会基于某种熵增的规律。而这些规律可能是更加基础的物理学规律从而不一定是因果的。

人工智能参与科学研究是一个正在高速发展的领域，每天都能看到有新的研究成果，近期（2022 年 6 月）有一个物理学中关于粲夸克证据[1]的特殊的应用案例。我们现有的理论所假设的夸克有六种，每一种又有对应的反夸克，除上夸克和下夸克外，其他四种夸克被认为很不稳定且很快会衰变。一直有一种假说认

---

[1] THE NNPDF COLLABORATION, BALL R D, CANDIDO A, et al. Evidence for intrinsic charm quarks in the proton [J]. Nature, 2022, 608 (7923)：483－487.

为质子由三个夸克构成——两个上夸克和一个下夸克,量子色动力学描述了夸克与胶子形成的关于质子的图像。❶ 有另外一种假说认为质子内部有一对粲夸克,但是一直以来相关的研究都证据不足。而这个近期的研究使用机器学习方法,在没有对质子结构做特定假设的情况下把由六种夸克能够构成的所有可能的质子结构全部考虑进去,并把它们与各大型对撞机所产生的几十万次的粒子对撞实验的结果比较,发现"质子中有大约 0.5% 的动量来自正反粲夸克对"的证据,并达到 3 个标准差的精度。这个研究看上去像是发现了一个关于质子构成的构造性的理论(证实了某个假说,而不是直接从数据中寻找变量之间的关系),但实际上这个只是某种构造性理论的一个部分(夸克理论),是在整个理论结构已经确定的情况下,对内部某个部分理论的调整,是在概念框架确定的情况下去调整概念之间的关系,所以不算是对新概念的发现而更像是对过去解题的一种更正。

相对于科学的新发现,基于机器学习的科学再发现研究看上去已经获得了所有种类和层次的科学发现。从泰格马克团队开发的 AI‑Feynman 模型对于费曼物理学讲义中 100 个物理学基本公式的再发现,到 AI‑Poincare 对于各种对称和守恒的再发现,科学再发现研究囊括了现象、经验定律、构造性理论以及原理性理论的发现。其实从机器学习的原理上看这是必然能够做到的,因为科学再发现的数据主要是直接通过已知的科学理论生成出来,或者是在这些理论被发现的多年后,在理论更加完善和技术都更

---

❶ VOGT R. Evidence at last that the proton has intrinsic charm [J]. Nature, 2022, 608 (7923): 477 – 479.

加成熟、获取数据方法更加多样的情况下获取的数据。我们既然已经知道了这些被造出来的数据背后的机制和规律（ground truth），通过由这些规律产生的数据来找到这些规律当然也就是必然可行的，早期机器学习的奠基性的数学原理研究已经保证了这一点。❶ 问题是这种发现对于实际的科学研究并没有很大参考意义，因为对于未知事物、未知变量和理论我们不可能有完美的全套的数据，也不可能提前预知哪些参数哪些前提假说会包含在最终的理论中。例如拿狭义相对论的发现来说，在 AI – Feynman 中使用的数据明显不是一百多年前的技术能够达到的（涉及很高的速度）。就算是我们拥有足够的历史数据，通过机器学习获得的结果可能也不是最重要的那个。再拿 AI – Feynman 中对于黑体辐射公式的学习来说❷，黑体辐射的数据在 19 世纪末实际上是充足的，在不同温度下，在不同波段的辐射值的数据已经有很多的实验，所以我们才能够画出各种经验曲线（如瑞利 – 金斯曲线），但是当时所有已知的理论都与之不符，或者只能预测部分的经验曲线。那么用这个曲线的数据来作符号回归的结果是什么？得出的结果最多只能和普朗克通过内插法等得到的经验公式一样。但是关键是要去揭示为什么普朗克用能量不是均匀分布去解释，而这点目前的科学再发现研究没法得到。机器学习给的结果是能够直接得到公式，但是不知道如何得到公式，后者需要比数据更多的知识，或者比已有的数据更多的数据，而在科学发现之前，我们可能根本就不知道如何获得这些数据。

---

❶ 机器学习的数学原理已经发展得很成熟了，但是深度学习的原理还在发展中。

❷ 这个例子本书第 9 章中会详述。

　　所以对于科学的新发现来说，当前的人工智能只能攀爬到第二个层次；而当前科学再发现的研究看上去能够获得所有层次的科学发现，但是对于第三和第四层级的发现方式人工智能不同于人类的方法，对实际的科学发现没有更多的借鉴意义。同时根据前文的分析以及我们将要在第 4 章所综述的，可以看到至少在哲学领域，根据当前人工智能的发展和机器学习用于科学发现的情况，大多数人认为机器学习不能带来新的概念的发现和新理论的出现，也不能带来类似科学革命那样的观念的变革。理论上说确实如此，"新"的东西，尤其是新的概念和思想，必然是要超越旧的概念和思想。而在给定数据的情况下，没法得到超出数据内容的东西❶，充其量已有的概念（也就是描述数据的"变量"）还有简化和优化的空间，可以用更少的概念去刻画数据，或者在已有概念框架下去扩展更多的经验领域或者更多的经验事实和经验规律。

　　那么，人工智能难道就无法获得第三和第四层级的科学发现了吗？其实是有可能的，只不过需要换一个策略而不仅仅是直接通过大量的数据来抽取模式和规律。直接通过数据一次性的抽取规律只能得到已有数据中的信息，而科学理论的重要意义就在于能够用于已知现象和已知数据之外的现象和领域，有很强的泛化能力，而且越是被描述得精确和客观的理论，其泛化能力就越强。我们默认宇宙是有规律的，在同等条件下规律应该等同，所以问题就是何为"同等条件"以及在这个条件下

---

❶　正如吴恩达所说，机器学习的成功主要不在于机器学习算法，而在于数据。

什么是等同的。当对同等条件的描述较为细致"客观"的时候，判别同等条件就比较容易，泛化的可能性也就较强。这与包括我们的"知识"在内的概念体系相关，例如我们观察到金属受热会发红，这就涉及我们把什么样属性的物体看作金属，而当我们发现有些我们认为的金属受热不发红的时候，就是到了要更新我们的某个相关概念的时候了。而历史上科学也就是这样不断"累积"进步的，这里说的累积进步与库恩的范式革命本质上不冲突，主要是指科学知识在不断泛化并遭遇到经验挑战而被迫改变自身这个历时的过程。从这种获取科学知识的角度看，人工智能是可以通过某种方法获得第三或者第四层级的科学发现的，至少在某种"特殊情形"下可以帮助人类获得这些层级的发现。这种特殊情况就是当已有的理论与经验不符，特别是同时存在多个相互矛盾的理论都可以同时去解释某种现象的时候。

真实的科学实践过程是复杂的，而且很少会有全数据。[1] 当然在发现经验定律的实际情境中，全数据是有可能得到的，例如在黑体辐射的历史案例中，我们其实有能力获得足够数量的相关数据。但是仅仅通过这些数据进行曲线拟合最终得到的是一种"经验公式"[2]，与普朗克最初通过各种方法"猜"到的经验表达

---

[1] 这里所谓全数据指的是从事后看来，如果要仅仅从数据中学习到新的概念或者理论的符号表达式所需要的数据。一般来说，首先要知道表达式所涉及的变量，同时所有涉及的变量的对应数据有足够的量。

[2] 其实在 AI – Feynman 的研究中关于黑体辐射公式使用的也是模拟数据，但是因为历史上黑体辐射的数据足够多，所以笔者认为使用历史数据应该也是能够达到效果的。

式没有区别，而普朗克的贡献在于量子化，在于通过其他的方法猜测得到黑体辐射公式的"原因"，所以构造性理论相对于经验性理论更难有全数据❶。但上述的分析都是在理想情况下，而在实践中机器学习是有可能发现新的概念和思想的。在实际的科学实践中有各种不同种类层次的数据，尤其是在类似科学革命的前期，即库恩所说科学危机的时候，对于同一类型的现象，有很多相互竞争的理论存在，经常出现多个相互矛盾的理论都能去解释同一个现象，而这些理论又都各自有看上去支持自己的实验和数据。在这种情况下，机器学习能够像人类科学家一样得到新的概念、理论以及思想吗？我们下面首先尝试形式化地刻画这类特殊情况，然后在第 9 章通过机器学习建模来验证。

3.3.2 一种特殊科学发现情形下的机器学习

在科学的历史中，这种所谓的"特殊情形"经常发生，尤其是在科学革命前夜的科学危机时刻，例如，19 世纪末物理学中著名的"两朵乌云"——以太漂移和黑体辐射就属于这种特殊情形。当然这种"特殊情形"在不同学科的不同子领域也经常可见，不一定非要是那种对整个学科范式起到颠覆作用的科学革命时刻。在传统的机器学习中，一般会对数据有一个先验的约束，例如要

---

❶ 这与构造性理论本身的性质有关，构造性理论在卡尔纳普看来其概念没法直接通过经验获得，需要通过所谓的桥接方法。实际上这里的区别往往在于适用性，或者说泛化的问题上，不过如何通过机器学习的框架去刻画构造性理论与经验理论仍然有待研究。

求数据符合独立同分布（IID - Independent and identically distribu-
ted），也就是在同一个机器学习任务中，所有的数据，或者更准确
地说所有的样例应该是独立抽样的，同时这些数据都遵循着同一
个概率分布，也就是由同一个"背后"的"真理"产生。这个预
设与一种自然主义的世界观类似——我们的自然的世界遵循一些
规律，所有我们观察到的现象都是由这些规律产生或者控制，我
们可以通过观察和实验找到现象背后的规律。如果把机器中的这
种描述用来刻画所谓的科学中的特殊情况，其实就是我们发现看
上去应该是同一类现象的数据明显不遵循同一个已知分布而产生
矛盾，这些现象可以由多个相互矛盾同时竞争着的理论（模型）
去刻画。那么在这种情况下，机器学习能够学到什么？能否达到
第三或者第四层级的科学发现？

这种情况其实在机器学习所运用的领域中非常常见。例如在
计算机视觉中，要从各种关于狗的图片中用机器学习学会识别
"狗"这个概念或者某些特征，如果训练图片全是中华田园犬，
那么最后训练得到的模型所把握的特征和"概念"也是关于中
华田园犬的。● 我们把关于中华田园犬的模型称为"狗1"，把用
哈士奇图片训练得到的模型称为"狗2"。很明显，这两类模型
是不同的，我们可以以此类推用其他种类的狗的图片来训练模
型。如果我们把所有种类狗的图片混在一起，最后学习到的可能
就是"狗"这个上位概念所具有的特征，也就是找到了中华田
园犬和哈士奇等不同种类的狗的共同特征。

● 这里我们都假设在理想情况下，例如训练集中的中华田园犬的图片都比较纯
粹，不会受到图片中狗的背景例如草地等因素的影响。

　　同样的结构可以类比到科学发现中，我们把某一类自然现象（例如光的传播现象）所有的样例作为全集 D，每一个单个样例 $d_i \in D$。现在假设全集 D 中有两个子集 D_1 和 D_2，我们刚好有两个不同的理论 T_1 和 T_2 可以分别解释 D_1 和 D_2，但是 T_1 和 T_2 在某个方面可能是相互矛盾的（例如 T_1 可能认为光是粒子，T_2 认为光是一种波），同时 T_1 不能解释 D_2，T_2 也不能解释 D_1，如图 3 – 1 所示：

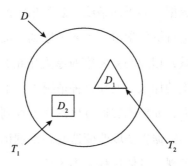

图 3 – 1　一种特殊科学发现情形

　　假设所有的样例 $d_i \in D$ 都遵循同一个分布 T，那么通过机器学习能否学习到这个最终的分布或者说最终的理论 T？在理想情况下，能否学习到最终的分布取决于已知的数据 D_1 和 D_2 的分布情况以及样例的采样情况，这在机器学习基础理论中有详细而成熟的证明。❶ 但是我们之前提到过在实际的科学研究中，数据总是不够或者不足的，同时数据（观察和实验）也是有理论负载的，科学数据往往是为了证明某个理论而通过专门设计的观察或

---

❶　BISHOP C M. Pattern recognition and machine learning ［M］. New York：Springer，2006.

者实验而得到的❶，很多时候是间接数据而不是所要研究对象的直接的数据，所以理想的机器学习模型不能直接套用在科学研究中。在第 8 章要考察的 19 世纪关于以太理论的例子中，当时的科学家为了获取关于以太传播和以太性质的数据做了很多观察和实验，例如光行差的观察、斐索流水实验和迈克尔逊-莫雷实验等，但因为光速太快没法直接测定，往往要通过两束光之间的干涉来确定效果，所以获得的数据就不直接是光运行的时空数据，而是其他相关的数据，如干涉条纹、观测角度的夹角等。这些间接数据没法直接进行机器学习，需要还原到更加基础的变量（生成这些数据的变量）以及与要考察对象直接相关的数据，这个还原就需要预设理论的加入。而在这种情况下，不同的预设理论下就会有不同的还原，如果能够通过机器学习找到最终的背后的规律，就有间接地用数据去获取改变这些预设理论的可能性，从而间接地获得科学发现，具体过程见第 8 章。

---

❶ 在当前大数据时代，很多时候数据是自动获取的，例如在天文学、地学等数据密集型领域，但这些领域通过自动化装置自动生成的数据当然也是在某个"目的"的安排下的数据，例如开普勒天文望远镜收集大量数据的目的是寻找地外宜居的行星。

第4章 数据与智能驱动 科学发现相关的争论

人工智能在 2012 年后的第三次崛起与大数据有直接关联，深度卷积神经网络在计算机视觉中的优异表现首先就是在斯坦福大学李飞飞教授组织的基于 ImageNet❶ 的计算机视觉挑战赛中脱颖而出的。当前众多表现良好的深度学习模型绝大多数在 20世纪 80 年代就存在，但其威力的完全展现还是在大数据时代。"智能驱动的科学发现"这个当下比较时髦词汇的前身是"数据驱动科学"，"大数据"和"数据挖掘"这些概念是在"人工智能"流行之前的"前流行"，虽然其前后也就相隔数年。在大数据驱动科学研究比较火的那几年有一种关于科学研究第四范式的话题经常被提起，其主要观点是人类的科学研究经历了观察实验、理论、计算、数据四个范式。根据这种分类，数据范式其实是包含"智能"范式的，不同在于数据范式更加强调数据的作用，而智能范式更加强调人工智能和自动发现。第3 章基于人工智能当前在科学应用中的进展分析了其可能达到

---

❶ ImageNet 是一个视觉图像分类库，含有千万级别的被标注好的各类图片。

的层次，但相关问题仍存在很大的争议，尤其在科学哲学的语境下。所以本章主要探讨大数据、人工智能和自动科学发现究竟能在科学研究中发挥多大作用，这个主题下的相关争论，内容主要由笔者曾经发表的两篇相关综述文章构成并作了部分修改。

4.1 数据密集型科学发现及其哲学讨论

4.1.1 问题的提出与争议

在 20 世纪末 21 世纪初，随着实验技术和信息技术的进步以及科学自身的累积性发展，科学研究中的数据无论是在数量、种类还是在复杂性上都呈爆炸式增长。加速器、望远镜、卫星、传感器网络、超级计算机、医疗成像设备、DNA 测序仪、智能移动终端、互联网应用，计算机模拟等设施以及有关活动正在快速产生着海量的数据，几乎每个学科领域都在经历着数据爆炸。❶例如高能物理中一些大型强子对撞机每年能产生 PB 级别的数据，而各种口径的大型巡天望远镜一晚上也能产生 TB 级别的数据，各种大型计算机上运行的科学模型也产生大量的数据，而分布在全球各个地点的各种科学用途的自动传感器在不间断地收集数据

---

❶ CODATA 中国全国委员会. 大数据时代的科研活动［M］. 北京：科学出版社，2014.

并传送到各种类型的专业数据库以供研究。在此基础上，一部分科学家并不与真实物理世界的研究对象打交道，而是通过分析各种数据来进行科学研究并取得科学发现，这种类型的科学研究一般称为数据密集型科学研究❶或者是数据驱动型科学研究，而在此基础上主要依靠对数据的分析而做出的科学发现，则称为数据密集型科学发现❷或者数据驱动型科学发现。例如，对高能物理实验产生的海量数据进行各种处理和分析后，才能找到其中的物理规律；而很多天文学家就是在由大量巡天数据构建的虚拟天文馆中进行科学研究，而不是直接去操作望远镜；在生物多样性的研究中，则是通过各种渠道综合多样化的数据，如地形、气候、动物活动信息等，建立统一的多维数据库，通过对数据库的分析得到科学发现；❸ 在气象、地学、生物医学等领域也同样出现很多这类的科学研究。

　　"数据驱动型科学研究"这一名称被提出的同时，相关的扩展问题如当前的科学研究中哪些算是数据驱动的、效果如何、将来的发展如何等问题相应被提出。要讨论这些问题，首先应该大致界定什么是所谓的数据驱动，但数据驱动科学研究或者说数据驱动方法本身的一般性特点很难被概括，因为这种研究分布在各种不同的学科中，实际操作上差异极大，但是总结起来可以看出

　　❶ CRITCHLOW T，VAN D K K. Data－intensive science ［M］. Boca Raton：CRC Press，2013.

　　❷ Hey T，TANSLEY S，TOLLE K. The Fourth Paradigm：Data－intensive Scientific Discovery ［M］. Redmond：Microsoft Research，2009.

　　❸ KELLING S，HOCHACHKA W M，FINK D，et al. Data－intensive science：a new paradigm for biodiversity studies ［J］. Bioscience，2009，59（7）：613－620.

两个主要的特征❶：

（1）科学推理的关键方法是从已有的数据中进行归纳，并可以指导和帮助实验研究。

（2）机器和自动推理在从已有数据中抽取有意义的信息中占有重要位置。

除此之外，"数据密集型"与"数据驱动型"也有不同，在上述这些基于数据密集型的科学发现中，数据所扮演的角色各有不同。在一些科学发现中，数据只是从属于理论的角色，例如，对引力波的探测从实验做完到最后出结论经历了半年多，这段时间主要用来分析收集到的海量数据，这是典型的数据密集型科学活动，但对引力波探测起主导作用的则是实验前期的科学理论假设本身，实验数据只是对理论假设的一种验证，是从属性质的，科学发现本身不是直接从对数据的分析上得来的。这类的研究可以算作是数据密集型，但不是数据驱动型。还有一些基于数据密集型的科学发现主要是从对数据的分析中得到最终的结果，但是数据参与的程度也不一样：有一些科学发现在对数据进行采集或者分析之前，就已经通过已有的科学理论框定了待发现的大致框架，需要通过数据分析去发现的仅仅是内容或者某些模式，如上文提到的生物多样性的研究。而有一些数据密集型的科学发现却有可能得到新的定律，或者发现旧定律的错误，例如在复杂性科学中，有一些关于流量涨落的研究就是数据驱动型的，一些研究

---

❶ LEONELLI S. Introduction：Making sense of data–driven research in the biological and biomedical sciences [J]. Studies in History & Philosophy of Science Part C Studies in History & Philosophy of Biological & Biomedical Sciences, 2012, 43 (1)：1–3.

从大量的数据中发现过去的流量涨落规律不正确，并提出了修正后的结果。❶

　　针对科学研究中出现的上述特征，一些科学家和哲学家就数据密集型科学研究是否能带来科学研究范式的改变、当前科学及其发展取向究竟应该是理论驱动还是数据驱动等一系列问题展开讨论。其中图灵奖得主吉姆·格瑞提出的第四范式理论比较有影响力，他认为科学发展至今依次出现了四种范式，千年以前只有经验科学，仅仅描述自然现象；数百年前出现理论科学，出现各种定律和定理并运用各种模型，比如开普勒定律，牛顿运动定律等；近几十年，对于许多问题理论分析方法变得非常复杂以至于难以解决难题，人们开始寻求模拟的方法，于是产生了科学的计算分支；而科学无疑是不断向前发展的，模拟连同实验产生了大量的数据，针对海量数据问题，一种新科研模式产生了——用软件处理由各种仪器或模拟实验产生的大量数据并将得到的信息或知识存储在计算机中，科研人员只需从这些计算机中查找数据。比如在天文学研究中，科研人员并不直接通过天文望远镜进行研究，而是从数据中心查找所需数据进行分析研究，数据中心存有海量的由各种天文设备收集到的数据。吉姆·格瑞第四种科学范式将经验、理论、模拟三种范式统一为一体，其过程分为四部分❷：

---

❶ HUANG Z G, DONG J Q, HUANG L, et al. Universal flux – fluctuation law in small systems [J]. Scientific Reports, 2014, 4 (1)：6787.

❷ 榛，坦思利，托尔，等. 第四范式：数据密集型科学发现 [M]. 潘教峰，张晓林，译. 北京：科学出版社，2012.

（1）通过仪器设备获取数据或者通过仿真模拟产生数据。

（2）通过软件处理数据。

（3）相关信息和知识都存储在电脑中。

（4）科学家使用数据管理和统计方法分析数据库和文档。

除此之外，有一些极端的经验主义的观点认为，在大数据时代的科学研究中理论已经终结，我们只需要拿到全数据，就可以通过数据的分析技术了解这个领域的所有知识。这种乐观的观点更多地出现在对科学技术的商业应用和社会科学的研究上，且很多鼓吹者是一些科技媒体。例如《连线》（Wired）的前主编安德森就认为，我们不需要理论预设，相关性就已经足够并可以取代因果性，我们只要把大量的数字扔到计算机中找到其中的模式就可以，甚至科学可以在没有清晰一致的模型、统一的理论的情况下发展。❶ 还有一些观点认为，大数据带来的数据驱动型的科学研究已经构成科学研究的范式转化，同时在社会科学和人文领域也带来革命性冲击，但是需要批判性地去反思这种认识论层次上的变化，并认为绝对地区分理论和数据的用途以及武断地宣称理论终结是不对的。❷ 相反，另一些观点则把那些认为可以依靠数据密集型科学研究推动科学发展的思想看作是曾经失败的归纳主义的思想。他们认为仅仅靠数据驱动无法发现普适的科学理论，数据驱动无法产出科学"发现的逻辑"；大数据与科学实验并不

❶ ANDERSON C. The End of Theory: The Data Deluge Makes the Scientific Method Obsolete [J]. Wired magazine, 2008, 16 (7): 16 –17.

❷ KITCHIN R. Big Data, new epistemologies and paradigm shifts [J/OL]. Big Data & Society, 2014, 1 (1): 205395171452848 [2023 – 03 – 22]. https://doi.org/10. 1177/2053951714528481. DOI: 10. 1177/2053951714528481.

兼容，因为其主要都是被动地观察数据，而实验要求主动地进行设计；而就算是获得了研究对象的所有方面的数据也无法产出科学理论，因为一切与一切相关联会导致的可能性太多，等于什么都没有说。他们认为找出真正的关联需要巨量的背景知识、理论预设等。科学不仅仅要求把一个系统的输入和输出联系起来，还要去解释理论。例如，波义耳定律，不仅要求知道气体在恒定温度下体积和压力的关系，其本身还需要用气体分子运动理论去解释。除此之外，数据密集型科学研究还可能导致一种新型的"归纳偏见"。在对数据进行归纳的过程中，通过已知的数据点要得到一条通用的曲线有很多选择，但是人们往往只用特定的标准（例如简单性等）来筛选。而在大数据的归纳分析中，也同样存在"归纳偏见"——机器学习等分析技术是黑箱版本的归纳偏见。❶

　　当然除一些比较极端的完全支持用相关性替代因果性❷的观点以及完全反对大数据对科学研究的革命性作用之外，大多数的讨论在结论上还是相对谨慎的，主张当前大数据对科学研究的影响还在深化中，需要更加深入地去研究数据驱动型的科学研究到底在认识论上有什么新特点、将来数据驱动与理论驱动谁会占主导抑或两者融合成一种新的研究范式等问题。例如，萨宾娜·来

---

❶　FRICKÉ M. Big data and its epistemology：Big Data and Its Epistemology ［J］. Journal of the Association for Information Science and Technology，2015，66（4）：651 - 661.

❷　在当前大数据的话语体系下，相关性与因果性似乎是两种相排斥的东西，但如果从人类认知实践的角度看，实际上两者是有可能相通的，因为人类对因果性的处理或者感官来源可能恰恰就是相关性，相关性相对来说是一个范围更广的概念，有因果性就必然包含相关性。

奥内利（Sabina Leonelli）就认为首先应该去分析和研究科学研究中数据到底是如何传播以及被用来产生知识的，她分析追踪了生物学中一些数据库的使用情况，如关于过去几十年实验生物学中关于模式生物（model organisms）数据的传播、整合并在此基础上被再次使用的情况。数据密集型科学研究中的大数据不仅数量大，还有种类多的特点，在生物学这个历史上内部各子学科曾经独立发展且多研究范式并存的学科中尤其明显，多年来积累了大量各种不同类型的数据。萨宾娜·来奥内利为了分析生物学数据库中这些数据的"历程"（journeys），把数据从采集到使用的过程分为三个阶段：①去语境化（De‐contextualization）阶段。由于生物学中数据产生和采集的碎片化和多样化，使得各种来源的数据想要兼容地进入统一的数据库，并更容易地被第一次接触到这些数据的研究者用来分析，就需要去语境这个操作。这一过程目前存在的难点是，由于语境涉及这些数据背后不同的理论支持和技术规格等因素，目前还无法自动去除而需要人工手动操作，所以这在目前也是一种需要大量人力的劳动密集型工作。②恢复语境（Re‐contextualization）或者说再构造语境阶段。在将各种不同种类的数据去语境并纳入统一的数据库后，需要被一种新的研究语境重新编辑，这样才能与其他的数据整合，以便找到数据之间的联系从而做出科学发现。③数据的再使用（Re‐use）阶段。即对已经重新统一语境和格式的数据进行分析和使用。通过这些分析，她发现在生物学数据库的构造和使用中存在很多不足，如生物学中的很多数据无法被去语境和再语境化，能够成功纳入数据库的很多都是低层级对象的数据（例如基因组数据），这对生物学中高层级对象的研究不利。由此她认为，大数据环境下的数据密集型科学研究有其特殊的方法论特点，但至少在生物学领域还没形成一种新的认知论，即一种范式的转换。更具体一点说，她认为过去几十年间大数据下的科学带来了两个重要的转变：第一个是数据作为一种"商品"，显著地带有非常高的科学的、经济的、政治的和社会的价值；第二个是一系列处理数据的新方法、设施和技术的涌现。这两点至少对于生物学来说，都带来了巨大改变，但目前还不能像很多人宣称的那样，这是一种范式革命。❶

相对于国外学者对于数据驱动与理论驱动以及范式转换的争论，国内的研究者更多的是分析数据密集型科学的特征以及大数据对科学研究带来影响，以及对认识论的新发展。例如，张晓强等人分析了数据活动从经验层面、方法层面对传统科学研究的影响，以及在科学的研究对象、研究层次及研究类型三个方面造成的转变❷；而黄欣荣分析了大数据对科学认识论的发展，认为大数据用相关性补充了传统认识论只追求因果性的偏执，发展了科学认识论的目标，用数据挖掘手段补充了科学知识的生产手段，增添了科学发现的逻辑新通道，用数据规律补充了单一的因果规律，从而拓展了科学规律的范围。❸

---

❶ LEONELLI S. What difference does quantity make? On the epistemology of Big Data in biology [J/OL]. Big Data & Society, 2014, 1 (1)：2053951714534439 [2023 – 03 – 22]. https：//doi. org/10. 1177/2053951714534395. DOI：10. 1177/2053951714534395.

❷ 张晓强，蔡端懿. 大数据对于科学研究影响的哲学分析 [J]. 自然辩证法研究，2014（11）：123 – 126.

❸ 黄欣荣. 大数据对科学认识论的发展 [J]. 自然辩证法研究，2014（9）：83 – 88.

4.1.2 争论中存在的问题

对于大数据环境下，数据密集型科学研究和数据驱动型科学发现是否构成科学研究新范式，与传统科学研究和发现过程本质的不同之处，数据驱动与理论驱动的关系等一系列相关问题，相关的争论和反思至少还存在两点不足。

第一个不足是把科学作为一个整体来看待，没有区分不同的学科以及不同的科学研究类型和层次。❶ 大数据环境下，数据密集型的科学研究方法在不同的学科中起到的作用也不同，在科学发现这么一个复杂的活动中，数据分析做出的贡献也不一样。例如，在像粒子物理这样的基础学科中，虽然也在不断积累着大量的数据，对数据本身的分析也常为提出新假说起到关键的作用，但提出理论假设本身在科学发现过程中还是占据主导地位，大量的实验和数据的采集仍旧是在理论的指导下做出的，有很强的目的性。例如，在各种大型强子对撞机上做的各种碰撞实验，一般都是在有预先设计的情况下来寻找特定的现象；再比如，为寻找引力波而构建的实验体系，其目的就很明确。这类基础学科由于理论本身的深度，所需的实验技术是高度专业和细化的，理论本身涉及的变量的层次目前并不是单一的实验仪器所能涵盖的，且实验数据本身的尺度就是研究对象的尺度，同时又需要通过强化人工和纯化自然现象从而产生新的现象，而实验的目的大多在于

---

❶ 萨宾娜倒是以生物学的讨论为主，但做结论的时候还是没有区分生物学中不同的研究层次。

加深科学的深度，所以很难或者不可能做到全数据，因此，这些领域的数据密集型科学发现中，数据分析仍然是从属的角色。而在一些相对应用型的科学领域，如生态学、地学等领域，其理论本身依赖于更加基础的科学，这些学科所要研究的对象或者现象本身大多是一种复杂性现象，需要通过更简单的层次、更基础的现象和数据来说明这些现象，即数据本身的尺度与最终要获得科学发现的研究对象的尺度往往不在一个层次，通常这些学科中的科学发现本身是对变量之间模式的一种发现，是可以通过对采集到的信息做数据分析得到重大的科学发现的。例如在认知神经科学中，最重要的工作就是找到人的心理学活动或者认知功能对应的神经活动模式或区域，进行这些实验所需要的技术依赖于别的学科的发展以及技术进步，如功能性核磁共振技术、脑电技术、单神经元追踪技术等。最终认知神经科学在有人的神经系统的活动时，所要面对的变量主要是神经元的发放模式，而这些数据获得以后（当然也同时要获知相应的认知功能和心理状态等相关数据），很多时候可以仅仅对数据进行处理，找到数据之间的关联性就可以做出科学发现。同样，在其他的学科如系统科学和复杂性科学中的很多领域也是如此，特别是在复杂性科学中。除了不同的学科之外，同一学科内部不同的领域或者层次也不同，例如物理学中，基础物理学与应用物理领域就有很大的差别，在此就不一一列举了。这种局限的原因我估计一个是因为此领域研究还处于早期探荒阶段，还没有细致深入，另一个就是统筹不同学科领域中的数据范式实在是太难。

　　另一个不足是仍旧用静态和孤立的方式看待"数据"和"理论"之间的关系，没有把它们纳入有机的科学实践活动中作为一个整体来看待，同时对理论与数据之间的关系、数据在科学发现实践活动中的作用的探讨还未深入机制层面，大多还停留在对现象进行描述阶段。如果说传统的科学研究是理论驱动的，那么理论到底是如何"驱动"科学研究的？仅仅说科学家根据已有的理论构造实验，通过构造科学假说并证实或证伪而推进科学等，那只是科学社会学式的描述，并没有在深层机制上说明驱动的原因。同样，在所谓的数据驱动科学发现中，数据到底是如何起作用的，对数据的分析为何可以得出有"意义"的发现和结论，也一直没有讨论清楚，而这些问题不是仅仅描述了科学活动中科学家如何使用数据分析就能回答得了的。科学活动一直伴随着理论的创造与数据的制造，两者在不同时代科学活动中的关系如何，对当前的问题极其重要。实际的理论活动及其与科学其他活动之间的关系是错综复杂的，理论需要通过人的科学实践才能够实现其驱动的功能，而数据也不仅仅是那些用来分析的东西。对于这些问题，特别是数据分析在整个科学发现活动中占据什么样的位置还是不清楚。这个局限同样是因为探索还处于早期，且深层的研究不仅需要数据与计算的相关知识，还需要不同领域的专门知识。

　　科学数据历来在科学活动中发挥重要作用，是科学发现过程的重要环节。对自然的数学化是近代科学的标志之一。数学化首先要对研究对象等进行量的刻画，而量的刻画可以看作一种对比关系，或者说是在不同对象之间建立可比较和可操作的联系；而数学则是一种齐一性的工具，在不同的对象之间建立起联系，由此得到的科学数据就是人类在比较和操作不同对象之间的各种联系。而基于此之上的理论则可以看作一种关于数据的假说，用数据作为中介来说明各种不同对象之间的一种恒常性的关系。例如开普勒在第谷留下的大量天文观测数据中发现了行星的椭圆运动，即不同天体之间的空间运行轨迹之间的关系，孟德尔更是在其做的豌豆实验所得到的大量数据中发现了性状遗传的规律。但我们对历史上的科学发现与数据之间的关系也就仅仅能考察到这个层面，知道历史上的科学发现与数据之间的大致联系，至于利用数据做出科学发现的内部因果过程则归为人的一种认知性活动，其内部规律不得而知，或者说长期被排除在正统科学哲学之外。但当我们想要去刻画当代的数据密集型科学研究以及数据驱动型科学发现，与传统的理论驱动型科学发现有什么不同的时候，这种表面上的对于数据与理论之间关系的简单说明就很不够了，因为人们长久以来无法深入解释的科学发现过程发生了变化。很多研究者认为两者的主要差别在于用相关性替代了因果性，但仍然需要深入科学发现活动的内部考察所谓的相关性的内部机制及其与因果性的异同。

4.1.3 从认知的角度考察数据在科学活动中的作用

针对上述两点不足，首先应该打破宏大叙事，区分不同学科、不同的科学研究层次来考察数据密集型科学研究和数据驱动型科学发现带来的影响和变革，基于此才能描绘其对于整个科学的影响。例如，可以简单地区分科学研究的深度和广度这两个维度：通过对已有的数据密集型科学研究领域的分析可以发现，在一定的理论深度上做广度上的扩展，如把某些基础的理论应用到其他的领域相对来说更容易做出数据驱动型的科学发现，因为这类研究中对于数据获取的技术本身已经定型，不需要创新，更多的是对获取的数据进行分析；而对某一领域做理论深度上的探索，数据密集型科学研究很多时候还是一种辅助，相对来说不容易做出数据驱动型的科学发现。所以如果简单地把不同的科学研究领域在这两个维度上依据程度的不同进行分类，就可以画出一条大数据对于科学发现影响的曲线，这样会比笼统分析大数据是否给科学研究带来范式转化要好得多。相对第二个问题来说，第一个更容易操作，只是需要在了解各个学科特点的基础上投入更多的研究资源。而更重要的第二个问题则是需要深入数据在科学活动中起作用的内部机制层面，从一种更深的层次分析人类使用数据的活动，从而做出一种因果性的说明。我们认为这首先需要放弃那种静态地看待数据与理论关系的方式（这种方式同时也是传统科学哲学一直以来的观点，即静态地看待理论并把理论与实践区分开来），用一种动态的、实践的角度来看待科学的实践过程，并考察数据在其中起到的作用，这种考察不能是现象描述式的，而应该是深入认知层次的机制描述。因此可以从认知的角度，从人类处理信息这一认知过程切入，考察数据作为一种人类活动的结果和更多活动的源头是如何在整个科学活动中起作用的。例如，从认知的角度，可以把人类的科学活动看作一种从外部世界❶抽取信息并建立关于外部世界模型的过程。模型是一种表征，科学哲学家吉尔甚至认为，科学模型相对于科学理论更重要，吉尔提出一种"模型理论"来理解科学理论，认为我们写在教科书中的，被数学等式定义的物理系统都不是真实世界的系统，而是一种抽象、理想化的系统，是真实世界系统的"模型"。这种模型作为一种表征存在于科学家的心智或大脑中，是科学家对真实世界的抽象，而科学理论则可以看作这些模型的家族群与连接这些模型和真实世界系统的各种假说的组合。无论如何，如果把科学理论也看作一种广义的模型，即对世界的一种表征，那么在构建这些模型的过程中，数据当然是必不可少的，但是关键点在于数据的运用，即通过各种实验各种观察得来的数据如何变成作为模型的理论并作出预测的，或者说是如何参与模型的建构的。这就涉及所谓"发现的逻辑"，这是逻辑实证主义避而不谈，而其他各种科学社会学等无法真正谈论的，因为这涉及人的认知过程（当然当代的认知科学仍旧没有搞清楚这一点，甚至还差得远）。从这个角度看，数据与理论的关系就可以部分地转化为数据是如何通过人类的认知能力转化为各种"模型"的过程。

从认知角度切入研究有很多优点，其中一个就是可以在深层机制上把历史上数据在科学活动中的作用做一个统一的、连续的说明（这种连续性甚至可以从近代科学出现之前，从人类用语言文字构造数学系统开始），通过这种历史连续谱可以很

---

❶　严格地区分外部世界和认知主体是认知科学中表征计算进路的基本预设。

好地分析所谓理论驱动与数据驱动之间的关系，因为所有的转变都不是瞬时完成的。从发展的角度看，数据密集型科学研究部分地把原来属于人的"发现的逻辑"自动地用机器替代掉了，即传统科学研究中，科学家通过已有的理论知识和各种数据做出科学假设这么一种认知活动已经部分地被"外包"给人工物去执行了。其实，这种替代过程自近代科学出现以来一直在进行着❶，而信息技术则大大加速了这种机器对人类脑力的扩展和替代过程。以前由人类去完成的科学发现过程——从自然界抽取数据并最终形成自然界的模型这个过程，现在部分地被数据生产和分析的自动化替代，其中具体替代的是哪些部分、替代到什么程度才能算是一种研究范式的转化、还有哪些部分将来有可能被替代等问题都与科学范式转换这个主题密切相关。但目前相关的研究并不明晰，所以需要从认知的角度历史地考察这种替代过程。

从认知的角度考察数据在科学活动中的作用及其变迁，可以看作对科学的认知研究的一部分，后者的相关研究从 20 世纪七八十年代已经开始，主要代表有达登（L. Darden）、吉尔（R. Giere）、内尔赛西安（N. Nersessian）、萨迦德（P. Thagard）、丘奇兰德（P. Churchland）等人。吉尔早期利用心理学中的范畴理论解释其模型理论，近期则提出基于主体的分布式认知进路；内尔赛西安通过"认知—历史"方法研究科学中基于模型的推理，并长期进行实验室研究；而萨迦德则基于神经机制研究科学

❶ 宽泛地说，人类文明的发展就是一个人类认知能力不断外化、用人工物替代或扩展人类认知能力的过程。

概念的创新。❶ 上述研究给我们从认知角度考察科学活动中数据的角色以一定的启发。但正如在关于数据驱动型科学范式的研究中存在用静态和孤立的方式看待"数据"和"理论"关系这个问题一样，在对科学的认知研究中也相应地存在二元的区分静态科学理论和科学实践这样的问题。而科学实践恰恰是一个产生科学数据的过程，所以这种区分又会导致对数据和理论的二元区分和静态研究。对科学的认知研究中的这个问题很大程度上是认知科学中主导的表征计算范式造成的。所以如果要真正地从机制上了解数据与理论创造之间那种历史上动态的影响关系，则需要把理论与数据本身纳入科学实践活动中，把两者同时看作一种实践过程，在一个统一的认知框架下或视角下去看待。科学数据与科学理论本身都离不开数量的规定与数学的使用，我们认为初期可以从数学认知，尤其是从具身的数学认知入手，考察人类的认知能力和认知活动与产生数据的科学实践活动之间的关系，以数学认知作为一个桥梁，一端连接科学实践活动，另一端连接"理论活动"——人类用认知能力构造静态理论的动态的活动，这样就可以把两者放在同一个认知框架下，能更好地看清数据与理论的关系及其历史的变迁。当然数学认知本身也处于发展的初期，而从数学认知角度考察科学及其活动也刚刚开始❷，针对其中数据与理论关系的研究还有待真正地展开。这一理论构想会在本书的

---

❶ 王东，吴彤. 科学哲学的认知进路研究：现状与问题 [J]. 哲学动态，2016 (5)：98 – 103.

❷ 王东. 数学可应用性的一种认知解释：以自由落体方程为例 [J]. 自然辩证法研究，2014（04）：35 – 40.

第 2 部分尝试做一个初步的构建。

4.2 智能驱动科学发现与自动科学发现的哲学讨论

类似于对数据驱动科学发现的讨论，对于人工智能和机器学习能够达到什么层级的科学发现，自动科学发现是否可能以及在什么程度上能够替代人类等这些问题，科学家和哲学家一直有争论，只不过争论的重点转到人工智能上。有些人认为人工智能与大数据方法等存在黑箱问题等各种局限，最终只能是作为人类科学活动的一种辅助手段，其作用是帮助科学家处理大量的数据，科学发现的核心过程还是需要人类本身的能力；而另一些人则认为人类本身具有先天的认知缺陷，机器不仅能弥补甚至可能在各方面比人类做的还要好；当然更多的是折中综合的观点，认为人类应该与机器取长补短共同发展，数据驱动方法与理论驱动方法可以相互结合，而当前最需要关心的是如何协调好两者的互动关系。

4.2.1 方法论相关争议

人工智能能够加速和增进科学发现的进程已是不争的事实[1]，对于基于大数据使用人工智能实现科学研究自动化的前

---

[1] GIL Y, GREAVES M, HENDLER J, et al. Amplify scientific discovery with artificial intelligence [J]. Science, 2014, 346 (6206)：171 –172.

景，乐观派认为人工智能甚至有可能在不远的将来获得诺贝尔化学、生物和医学奖。这一派认为人类有一系列的认知局限性：人类存在"信息视域问题"（information horizon problem）——当前各个科学领域的数据和出版物的产生速度远远超出人类的信息处理能力（如在生物医学领域每年发表超过一百万篇论文，而且数量还在增长）；人类还存在"信息缺口"问题（information gap），即各种论文常常是用含糊不清和缺少信息的语言拟写的。这两类是大多数科学领域的通病，在特定领域还存在特定的认知局限，如在生物医学领域还存在表型不准和"少数派报告"等问题。❶针对人类在科学研究领域的认知缺陷，乐观派认为人工智能系统将成为未来顶级研究机构的基础设施，未来复杂的人工智能系统将和人类合作取得重大的科学发现，甚至未来的人机合作系统中是以人工智能系统作为统筹的核心，人类在其中贡献自己的部分能力。这一派认为从历史上看，科学发现不仅仅需要知识和数据，还需要问正确的问题。到目前为止，提出正确问题是人类所专长的，但原因可能是资源限制，当时间和资源丰富的时候，提出正确问题的重要性就会降低。另一方面提出正确的问题很多时候取决于人类科学家的直觉，而这是一种低效的做法，所以重大的科学发现有很多的偶然性，人工智能是可以克服人类的认知局限并做出真正的高效的科学发现。

乐观派也承认现有技术的局限性，但认为很快就会出现"人造科学家"，利用机器学习和语义网技术来把许多情况下已经可

---

❶　KITANO H. Artificial intelligence to win the Nobel Prize and beyond: Creating the engine for scientific discovery [J]. Ai Magazine, 2016, 37 (1): 39 – 49.

以在现有技术系统中使用的资源结合起来从而实现科学发现。例如，这样一个人造科学家可以通过提取跨越多种不同来源（科学论文、专利、数据集等）的信息来总结现有技术的状态和主要研究结果；❶ 可以将当前知识映射（迁移学习）到不同领域；可以探索跨学科研究机会；可以跟踪和预测研究概念、有前途的技术和方法的迁移；可以提出假设来解释观察到的现象；可以建立模型和设计/运行实验去验证它们；可以找到隐藏的数据模式；等等。他们认为这种新范式正在出现，并提供了探索未知的和潜在可持续的方法，从而可以跟上当今各领域中繁忙的研究步伐。❷

不同于乐观派对未来自动科学发现的向往，很多科学家和哲学家认为人工智能无法在科学活动中占据主导地位，我们称之为悲观派。例如，哲学家克拉克·格莱莫尔（Clark Glymour）就认为学习的自动化，无论是通过计算机还是通过新的实验室技术，都不会使人的判断过时或者使科学创造力边缘化，也不会削弱人类科学家的洞察力和创造力，而是使他们的洞察力和创造力转移到对算法的考虑上——这些算法能够高效并可靠地把大量假设与大量数据进行比较，转移到关注可以一次回答更多问题的实验方法上。❸

哲学家詹姆斯·伍德沃德（James Woodward）早期在讨论关

---

❶ 实际上基于 Transformer 技术的大型语言模型已经可以部分地做到这一点，如 2022 年 12 月开始流行的 OpenAI 的 ChatGPT。

❷ MANNOCCI A, SALATINO A A, OSBORNE F, et al. 2100 AI: Reflections on the mechanisation of scientific discovery [C]. In: Recoding Black Mirror @ ISWC'17, 21 – 25 Oct 2017, Wien, Austria. https://oro.open.ac.uk/50949.

❸ GLYMOUR C. The Automation of Discovery [J]. Daedalus, 2004, 133 (1): 69 – 77.

于科学发现的逻辑与创造的心理学问题❶时，提到了强人工智能与科学发现的问题。伍德沃德同意"发现的程序"可以从一些特定的数据中获得发现，也可以产生一些我们目前未知的发现。他认为这些用于发现的程序的有效性可以由它们的算法来保证，但是其"意义"（significance）却不能，这些需要具有评价性的判断（evalutive judgement），原因在于发现的程序的发现在于随机的试错（random trial and error），而人则不是。他也同意彭罗斯的观点"输出的相似性并不能说明过程的相似性"，并认为那些已经装备有各种"概念"和"定义"的计算机程序，可以通过找寻这些程序之间的各种关系的可能空间来发现"新概念"，但是这些新概念是基于旧概念，是通过对旧概念的组合（cluster）得到的。这种方法不能带来概念的转变（shift），例如 16、17 世纪科学革命时从中世纪的"冲力"（impetus）这个概念到"惯性"这个概念的转变。

　　哲学家汉弗莱斯（Paul Humphreys）提出一种计算机模拟中的认识不透明性的观点（epistemicopacity），把这种观点和忧虑扩展到机器学习科学发现中，把这种不透明性与机器学习的可解释性联系起来。❷ 科学研究中有不同的表征、推理以及证据收集的模式，例如统计模型和推理、数学证明中的理论方法以及实验室实验等。人类在科学研究中还十分擅长把关于各种事物的表征

---

❶　WOODWARD J F. Logic of discovery or psychology of invention? [J]. Foundations of Physics, 1992, 22 (2)：17.

❷　BERTOLASO M, STERPETTI F. A Critical Reflection on Automated Science：Will Science Remain Human? [M]. Cham：Springer International Publishing, 2020：11 - 26.

和思考的方法进行扩展，例如基于形式化的方法从欧式几何到非欧几何的扩展，例如利用计算机进行辅助证明等。既然人类的科学有这样的表征和扩展，基于人工智能的自动科学发现是否可能包含对于世界的新的与人类不同的表征方式和扩展方式，如果有的话，人类是否要改变其认知资源从而理解这些表征？自动科学发现中用到的表征的模式的认知价值和认知危险分别是什么？汉弗莱斯认为从底层看多层的神经网络是一种函数近似的设备，这说明了其灵活性和预测能力，所以深度神经网络的内部表征只是输入值和分类类型（这里用分类任务来做例子）的概率分布之间的一个函数。在深度神经网络中，除了输入层和输出层，其余的每一层的每一个人工神经元节点都有一个激活函数，这些函数往往是非线性的，而其中的一些函数一起将输入与输出的概率分布联系起来。汉弗莱斯认为这些非线性的大量的函数构成了表征的不透明性，因为其构成的总的函数是如此的复杂，以至于仅仅从深度网络这些函数的运行本身去解释和理解是人类无法做到的。可以看到汉弗莱斯对于机器学习尤其是深度学习中的认知的不透明性恰恰也是深度学习被诟病的黑箱问题。❶ 现在一些大型的预训练的模型动辄上千亿个函数，人类根本无法直观地"理解"。这里涉及的可解释性问题，我们无法展开详细讨论，但简

---

❶ 表征的不透明涉及当前人工智能领域非常火的可解释性研究，这一领域还在快速方法中，而大型语言模型的出现（如 ChatGpt）让人们看到人工智能大型模型与人类理解之间沟通的可能性。我们的一个基本观点是，当前的所谓的黑箱和表征的不透明本质上是可以解开或者可以被理解的，因为机器的表征还是在人类的"计算"的基础上，其来源还是人类的认知。人类想要理解一个超大的模型学习到的表征和模型则需要一些"研究"工作，也就是反向对 AI 模型的学习，但是本质上是可理解的。但是反过来，人工智能能否达到人类的表征和理解？我们认为也是可以的，这个双向证明是本书第二部分的主题。

要讲一下看法。首先是否需要人工智能对人类的可解释？在商业和技术的某些领域是需要的，因为对人类的可解释是机器学习的目的之一，而在很多应用领域则不需要，因为只需要预测结果就可以满足短期的要求（例如在图像识别领域，如果要进一步提高性能可能需要因果思维和可解释性，但是大部分商用图像识别只要求达到一定的精度即可，这也是这一轮人工智能兴起的重要原因——可以商用）。在科学发现领域情况会更加复杂，涉及可解释性在科学发现中的作用。在传统的人类科学发现活动中，可解释性是必要的，人类的科学知识体系就是建立在可解释的基础上❶，而科学的进一步发展，从目前看需要对已有知识的理解。可解释性或者可理解性的重要作用是可以给累积进步提供基础，可以基于已有的知识进一步深入和扩展，所以当前的人工智能科学发现的结果只有嵌入人类的知识体系才能发挥作用。❷

　　尽管悲观派承认人工智能在科学研究中起到越来越大的作用，但是乐观派也承认这种黑箱式的应用在科学领域目前只取得了有限的成功。一种流行的看法认为，科学中知识发现的两个主要特点阻止了数据科学在其中达到在商业应用中那样的成功。第一个是科学研究领域通常缺乏代表性的训练样本，同时涉及大量的物理变量，物理变量通常出现随时间动态变化的复杂和非平稳模式，由此导致可用于训练或交叉验证的标记实例数量有限，无

---

　　❶　但并不是"完全"的和深度的可解释，斯特雷文斯（MichaelStrevens）在《知识机器》中提出正是对于科学的"浅理解"推动了科学的不断发展。
　　❷　一种观点认为机器学习或者更一般地说数据的方法只能找到相关性，而科学中大部分工作是在寻找"因果"，朱迪·珀尔就是这种观点的支持者，而最近几年的"因果热"也迅速扩展到与数据科学相关的各个领域。

法体现出科学问题中变量关系的实质。第二个是科学发现本身的性质导致黑箱方法的受限，一般来说，数据科学的最终目的是构建可操作性的模型，而科学发现的过程还要求把获得的模型以及变量之间的关系转化为可解释的理论或假说并带来科学知识进一步的发展，即需要发现并解释这种模型中的物理因果效力机制，得到的模型要有"意义"，能够纳入已有的知识体系或者与已有的知识体系联系起来。因此，一个黑箱模型即便拥有了更精确的性能，但是缺乏对物理基本过程机制上的理解能力，它也不能作为随后科学发展的基础。除此之外，基于可解释理论的可解释模型更有可能防止从数据中学习到虚假模式或者过度拟合。

　　基于上述理由，更多的研究者还是持有一种谨慎的态度，认为人类科学家虽然有认知局限，但是当前的人工智能技术及其可能的发展并不能在科学研究发现中占据主导，最好的方式是探索如何在科学研究活动中取长补短。例如，一些研究者采取一种理论科学与数据科学结合的方式，既可以利用黑箱工具自动地从大量数据中找出模型和模式，又可以不忽略已积累的大量的科学知识，他们称之为"理论指导下的数据科学"。这种新研究方法已经发现了新的气候模式和关系，在材料科学中也发现了新的化合物。他们认为科学研究中基于理论的模型和基于数据的模型代表了知识发现的两个极端，都具有独特的优势并在不同类型的应用中取得成功。但两者在应用于具有重大科学意义的问题时仍存在某些不足之处，因为这些领域目前同时缺乏理论和数据，这种情况下基于理论的模型通常被迫对物理过程做出许多简化的假设，这不仅导致理论性能不佳，而且使模型难以理解和分析。因此在复杂的科学应用中,无论是纯数据方法还是单纯理论方法都不足够,有必要探索基于理论和数据科学模型之间的连续性,使得理论和数据以合成的方式共同起作用。一些研究者还具体地通过案例提出了把理论整合到数据科学的五种方法。❶

4.2.2 方法论争论的原因分析

从科学哲学的角度看,科学家以及哲学家对数据驱动和智能驱动的科学发现在科学方法论上的争论主要受到两个因素的影响:一是不同的科学研究领域和科学发现层次;二是是否存在科学发现的逻辑以及科学活动能否形式化。

当前人工智能方法应用在不同的学科和研究领域,对不同层次的科学发现活动有着不同的作用。从研究领域上看,乐观派大多集中于天文学、地学、生物学、医学等数据密集型且明显依赖数据驱动科学发现的领域;而悲观派多集中于当前仍然主要是理论驱动的理论物理等领域。从科学研究和科学发现的层次上看,如果把科学知识按照经典科学哲学划分为"理论"和"定律"(包括"模式"),那么数据和智能驱动的科学发现大多集中在"定律"这个层级上。科学"定律",无论是经验得到的还是理论演绎得到的,都是用已知的要素解释已知的经验事实,例如,伽利略时代的自由落体定律;而科学"理论"则大多是依靠

---

❶ Karpatne A, Atluri G, Faghmous J, et al. Theory – guided Data Science: A New Paradigm for Scientific Discovery from Data [J]. IEEE Transactions on Knowledge & Data Engineering, 2017, 29 (10): 2318 – 2331.

"未知"的概念来解释已知的经验事实，例如牛顿时代的"引力"概念及其相关的一整套动力学理论。基于近年来机器学习技术和理论的快速发展，从大量标注好的科学数据中找出变量之间的关联、从未标注的科学数据中识别出某种"模式"并提升为某种"科学定律"，不仅理论上是可行的，实践中也确实在不同科学研究领域有不同层次的应用。而假设演绎系统通过新概念（或者旧概念的新含义）来构建科学"理论"这个过程，一是由于人类自身对自己的这个过程还没有认知清楚，对其性质及其能否形式化还存在很大的争议，二是自然语言处理目前还没发展到能够理解人的常识和语义，所以无论在理论上还是实践上都没有典型的案例出现。

科学研究能在多大程度上实现自动化，人工智能在科学发现中到底能起多大的作用？对这一问题的看法还取决于人们对科学研究活动和科学发现本质的理解，取决于对是否存在科学发现的逻辑以及科学活动能否形式化的看法。科学哲学中历来就有关于"科学发现的逻辑"的争论，早期的逻辑实证主义者认为科学发现没有可还原的逻辑（是一种不可形式化的心理过程），应该与科学的辩护区分开来；而近期自然化认识论的支持者则认为可以从认知维度重构科学发现过程并寻找其中的"逻辑"（机制）。❶科学发现的过程在一些物理学家看来就是对数据进行"降维"的过程，即把通过观察和实验得到的关于某些变量的分布由高维数据转换到低维数据（理论）的过程，不同之处在于是由人去

---

❶ 包括内尔赛西安等科学实践哲学倡导者也认为存在科学发现的模式并尝试从"历史－认知"角度进行解读。

实现还是由机器去实现。他们认为这个降维的过程在历史上因为数据的不足必然带有一些猜测的成分，但理论上是可以形式化的。从这个角度看，科学发现的逻辑这个科学方法论的问题不仅仅是科学哲学的问题，还正在成为一个科学问题，可以通过实验的方法去探索和验证。但另一方面，我们从科学史的例子中看到科学理论不仅仅是被动地从数据中得到，科学数据的产生本身就负载着理论——观察和实验的选择本身是理论负载的，而其负载的理论往往是从已知的数据中难以直接得到的猜想，涉及很多科学实践以外的因素。这个科学发现的过程——逻辑实证主义认为应该由心理学去研究的那部分——在认知上能否说清楚，对这个问题的不同回答也决定着人们对人工智能在多大程度上参与科学发现这个方法论问题的看法。

此外笔者认为这些方法论上的争论涉及科学发现中的一个重要的概念——因果性。除了理论物理中最底层的理论，其余的科学理论大多在寻找"因果"的解释机制，而大数据和机器学习却擅长寻找相关性。人类通过提出科学假说来发展科学的一个重要原因是提供一种因果的解释机制，那么人类对自然规律的探索是否一定需要因果的解释机制？如果需要，那么因果的解释机制能否形式化？这是方法论争论背后的另一个核心问题。

除了科学方法论上的争论，人工智能对科学活动的涉入还带来更多认识论上的问题：有一些是老问题的新思考——是否存在科学发现的逻辑？科学发现的本质是什么？等等；有一些则是新问题——科学活动只是属于人的吗？

长久以来，科学哲学就科学的性质、划界、增长模式等问题展开争论，但基本上都有一个默认预设——科学是一种人类活动，只有人类才能够获得科学发现。但智能驱动的科学发现逐渐在打破这一观点，提醒我们重新考察这个默认的前提。早期使用计算机辅助假设的时候，我们能够清楚地知道外部辅助工具的内部构造和运行原理，理论上用人力也可以去完成相同的任务，所以早期的科研自动化并没有触及这个默认的前提。而现在像机器学习这样的模式识别和分类/聚类工具在科学发现中起到重要作用，我们虽然知道机器学习背后的数理（统计）原理，但其学习的过程至少在当时对于我们来说是一个黑箱，只能事后进行分析（但也只能窥其部分）。在当前大多智能驱动的科学发现中，机器的作用是不可替代的，从实践上，人类无法独立完成机器的工作。虽然当前智能驱动的科学活动都需要人类的理论指导，很多需要人类标注好的数据，但像机器学习这样的工具已经逐步渗透到越来越多的科学研究领域，其职能也越来越宽泛，同时自动数据标注与自动编码也在飞速发展。另一方面，当面对大量的数据以及跨学科的数据库时，人类已经很难仅仅依靠自己的认知能力去把握全局，智能设备在科学发现中的作用越来越重要，而人类在将来的科学研究中甚至可能会处于从属地位。所以当前对于科学发现是否只是属于人的问题就从默认预设被提到前台，很多一线的科研工作者也就是前文提到的乐观派甚至会认为人工智能会在不远的将来获得诺贝尔奖，会主导科学发现。

与上一个问题相关，对于"科学发现的逻辑"的看法不仅影响着我们对人工智能在科学活动中作用的预期，反过来随着人工智能在科学中应用的深化，也给我们重新思考这个科学哲学的经典问题提供新的角度。逻辑实证主义把发现的逻辑排除在正统科学哲学之外，但科学发现过程是科学活动中最重要的一环，对其分析的缺失导致历史、社会学角度的引入。在蒯因（Quine）提倡自然化的认识论之后，又有萨迦德、吉尔（Ronald Giere）、内尔赛西安（N. J. Nersessian）等从认知角度尝试解释科学以及科学发现，但仍旧停留在对认知行为的表面分析。人工智能涉入科学发现让我们有一个新的视角，通过分析智能驱动科学发现中的内部逻辑以及机器与人类协作中的机制，或许能够帮助我们更好地理解人类自身科学发现的性质。除此之外，对于科学活动的本质、科学增长的方式、科学中的因果性与相关性，甚至是千年未决的归纳问题❶等，都可以有新的解读方式。

　　面对这些由人工智能的科学应用提出的方法论和认知论的问题，需要科学哲学给予回应。但是对科学理论与经验的逻辑分析、对科学的历史分析和社会学角度解读，甚至是对科学活动的认知行为的分析都已经不足够应对新的现象，需要从更深一层次的机制角度做出分析。我们认为这个角度应该兼顾人的活动与机器的活动（机制），既不能偏向用机器统摄人的计算主义，也不能泛泛地谈论人心超越机器——人有人的用处，而是在人机融合趋势中找到一种能够给人的活动和机器的活动奠基的基础。毕竟机器也是人类在漫长的科学和技术积累中创造出来的人工产物，虽然其自有一套发展的逻辑，但在本质上是属人的，并不是人的对立面，其发展逻辑也无法把人包含在内。我们认为基于科学实

---

❶　机器学习中的"没有免费午餐定律"认为已经部分解决了归纳问题。

践哲学中的认知角度，特别是一种基于数学认知的角度能够满足上述要求。科学活动本质上是一种人类的认知活动，机器的活动本质上源于从人类认知活动中抽象出来的逻辑和广义的数学，而这两者的交会点则是"数学认知"——人类逻辑和数学活动的认知基础。当代认知科学已经提供了很多数学认知的成果，我们在本书第 2 部分将基于此具体地分析科学活动和机器行为并探讨其中的哲学问题。

第 1 部分的问题讨论

本部分内容是对第 1 部分所涉及问题的扩展讨论，因为这些扩展部分所涉及的内容在当前并没有很成熟的讨论，同时也局限于笔者本人能力无法组织起看似规范的学术内容，即基于已有的研究综述进行分析并更进一步，但又感到这些问题对于主题十分重要，所以只能以一种不成熟的讨论问题的方式进行陈述，其中的部分问题起到与本书第二部分进行连接的作用。

首先是关于人工智能模型的发展与本书的主题。从 2012 年引爆人工智能第三次浪潮的卷积神经网络，到 2022 年大火的基于注意力的模型 Transformer 以及基于此的大规模语言模型（如OpenAI 的 ChatGPT），机器学习仍在快速发展。目前看其发展主要是在不断寻求新的架构，新的架构可以看作一种先验和偏见（bias），不同的架构本质上都可以被全连接的神经网络所模拟，区别在于效率以及不同架构有不同的适用对象。当前已有的基于人工智能的科学发现几乎都是基于机器学习的，而基于机器学习的用的几乎都是各种加上不同架构之后的模型，例如卷积神经网络、自编码器、图神经网络等。本书要探讨的，不仅是基于当前的人工智能发展下的科学发现，还应该是理论上基于所有可能的人工智能尤其是机器学习发展下的科学发现。当然这本小书没有能力在计算科学人工智能学科的基础上去分析人工智能的边界和能力，并基于此讨论我们的话题，因为对前者深入的讨论甚至还会涉及更多与认知甚至是意识等更加宏大主题的探讨，而我们目前只能从机器学习已有的实践和理论出发进行有限的拓展。但是随着将来研究的深入，人工智能与意识问题、通用人工智能问题肯定是难以避开的。

人工智能会为科学和科学发现带来多个层次的问题，首先是作为模拟人类智慧和能力的人工智能是否可以像人一样去做科学？这涉及人工智能与人类智能的比较问题。其次是关于是否存在一种基于数据范式的科学发现的逻辑，也就是在数据（现象）中通过某种归纳的方法不断地去找到数据背后的规律从而去预测和控制现象，同时还能够不断地扩展和泛化模型，在不同领域制造出具有广度和深度的数据❶。这就涉及另外一个更大的问题，人类的科学研究方式是不是最优的，还是仅仅因为人类的认知特征是如此从而人类制造的机器最终也会是如此？人工智能尤其是机器学习在实践中体现出来的归纳和演绎的结合，以及同时具有证实与证伪的这些特性，是一种类似于人类已有的方法（找到高层的概念然后演绎）还是从根本上便不同，而是可以直接基于底

---

❶ 机器学习与自然科学特别是物理学有很多共同之处，如都从观察和实验数据中得到知识，当数据确定的时候两者甚至有差不多的描述力，但得到数据的方式却不同。产生数据需要资源，资源是有限的，所以需要理论框架去框定产生数据的方向，同时数据是理论负载的，人类的科学活动正是在理论框架下才能产生数据的。当前的人工智能所使用数据的产生仍然是在人类科学框架下进行的，就连原始数据（raw da-ta），如摄像头随机拍摄的视频数据也仍是如此。

层数据的？这就又部分地涉及一个更加广泛的话题——因果性、人类的因果思维以及因果涌现。人类自古以来对规律的寻找很大程度上是在寻找世界的因果性，找到可以由因到果的链条并控制，而根据我们当前基于现代科学的自然观，所有的因果性都可以看作是一种底层物质活动的涌现。例如，我们看到一个经典的小球碰撞实验，宏观看上去是一个小球去碰撞另外一个小球，是一个小球的某种运动"导致"了另外一个小球的某种运动。但是也可以从微观的层面（量子层面）去刻画一些数量巨大的某种物质体与另外一些数量巨大的物质体之间的作用，这里只有复杂运动，没有简单的"某一个"导致"另外一个"的描述，而我们在宏观层面的简单的因果描述是高层级的，是基于我们的认知能力和认知层次的。这种层次的出现是人的主观观察的结果还是客观的存在？机器能否达到对不同层次的辨别以及找到不同层次的规律？这涉及复杂性的问题，涉及涌现甚至是量子层面到宏观层面的非经典的涌现问题。最后，这一切与我们制造的人工智能之间又是什么关系？上述这些问题在本书中没有解答，很多问题当前没有头绪，但是能感觉到是联系在一起的，而且当代的计算机科学和数学以及物理学正慢慢从多个方向往这个哲学问题上靠拢，这个问题的核心走向一个主客体的问题，一个与观察者相关的自指问题。

接着上一个问题，从科学史上看，不同的历史阶段科学发现的最重要的因素是不同的。在广义相对论之前，从经验事实中获取经验定律，并用科学假设去概括经验定律是主流，科学发现更加"客观"一些。例如狭义相对论的发现，从关于以太漂移问题到经典框架与麦克斯韦电磁学的不相容到洛伦兹与彭加莱的阶段性研究，以及最后爱因斯坦的解决都有着明晰的线索和经验事实的支持。而广义相对论及其之后的物理学理论对于一些类似于"对称与守恒"这样抽象的原则甚至是"美"这样的标准更加看重，这是怎么回事？从数据的角度看或者说从认知的角度看，我们的理论本身应该是什么样的性质，取决于世界的性质和我们认知框架的性质的综合。类似于对称与守恒这样指导 20 世纪物理学的抽象原则，物理学家文小刚认为，这种原则不是世界本质具有的属性，而是一种"宏观现象"（类似于涌现）。这就把所谓的美和对称看作是一种表现而不是本质，至少在这些要去研究的问题上不是本质。从数据和建模的角度看，类似于爱因斯坦那样的天才，重要的洞见在于"带路"，用洞见去开辟新的方向，这种新的方向带来新的数据和经验材料。当前的人工智能是没有这种能力的，有人认为有因果推断能力的人工智能或许会有。那么这种对于某些原则的直觉是不是必需的？机器能够从更加底层找到这些约束而不需要有关于"美""对称"等的人类的直觉吗？引领深度学习浪潮的计算机科学家杰弗瑞·辛顿（Geoffrey Hinton）认为，当前的深度学习及其使用的反向传播算法不是人类大脑的运作模式，但不出五年我们就可以破解人类大脑的运作机制。人类的科学必然要通过大脑，但是科学发现的逻辑不一定是大脑的机制，或许可以多重实现。

这就涉及科学哲学的传统问题——"科学发现的逻辑"，人类的科学发现过程是否以及有多少是可以形式化的？科学发现的过程当然不仅仅是发现的瞬间，还包括前期的经验和数据的积累、经验定律的积累等。如果把人类科学发现的所有相关的活动都算在内，那么，科学发现的逻辑确实很难找到，因为在这其中有很多个人的奇思妙想和难以逻辑地刻画的地方。而且从科学活动和实践的角度看，数学模型尤其是使用到一些非常抽象概念（如无穷）的数学模型很难发现其与所刻画的那些可以量化的现实对象之间的"逻辑"路径。我们在本书第 2 部分会基于一种具身数学认知提出一种看法，认为这种逻辑路径或许是可能的，而且可以形式化。

最后是关于人工智能与科学发现在近未来的发展。在《知识机器》中，迈克尔·斯特雷文斯（Michael Strevens）在简述了波普和库恩的理论后，认为两人的理论在某一点上是正确的，他们都认为科学的独特之处与其说是产生新理论的能力，不如说是科学研究需要某些东西引导科学家去进行枯燥乏味的科学日常工作。❶ 人工智能的介入则有可能改变这个几百年来的状态，让枯燥乏味的工作实现自动化，例如，在生物学中的自动实验机器人就已经在部分领域投入使用可以全天进行实验并记录数据。但这也可能带来一个问题，一个优秀的科学家可能需要长期投入程式化的科学日常工作中才有可能出现新发现的灵感，或者具有发现新理论的基础。

有一种基于计算主义的观点认为，从一个更加宏大和基础的角度看人类的智能是一种"自然学习"或者"生物学习"的结果，无论是我们神经系统的结构，还是基于此的人类知识和文化

---

❶ STREVENS M. The Knowledge Machine: How Irrationality Created Modern Science [M]. First edition. New York: Liveright Publishing Corporation, 2020: 28.

都是自然学习的产物，是在亿万年的自然演化过程中形成的。所以从机制上说，人类的认知能力甚至是意识的基本原理与机器学习的基本原理是相通的，或者说有着共同的基础。有一些关于人的认知和意识的假说也使用了类似机器学习原理的内容来构建，如认知的预测加工模型就是其一。这个问题非常有趣，甚至还可以涉及物理学中的最小作用量原理，宇宙总是偏向用在某个作用量上路径积分最少的方式运行，而人类的演化和机器的演化，如果想要达到同样的目的，其路径肯定是一样或者类似的。这种想法非常有诱惑力，可以用简单的原则去解释一切，而从科学的历史上看，这又常常是正确的。

第 2 部分　机器学习与科学发现的关系

第5章 科学理论的结构和内容

本书第 3 章把科学知识和科学发现划分为现象、经验定律、构造性理论和原理性理论四个层次，其中后两个被称为科学理论，通常被认为是科学知识的核心，也是科学家和科学活动最重要的目的。人工智能科学发现的最终目的肯定不仅仅是发现新的现象和新的有预测效果的模型，还应该包括发现有解释力的科学理论。如果要从更加基础的角度分析人工智能是否有能力发现科学理论并有能力在此基础上不断累积进步，就首先要考察科学理论的本质、结构以及最重要的——与经验的关系。本章主要考察科学哲学中一些主流的关于科学理论及其结构的看法。

科学理论根据其描述对象可以再区分为两种不同的类型：一种是去刻画那种最基本的自然定律的理论，这一类理论往往只涉及相关性而不涉及因果性；❶ 而另外一类涉及的往往不是最"底层"的自然律而是某一种自然"机制"，某一种致使事物在自然律下形成或者达到某种状态的"模式"。前一类的理论往往采用符号模型/数学模型的方式，准确地说大多是微分方程的形式，

---

❶ 关于基础的理论物理中的因果性以及科学中的因果性在本书第 8 章中会详细讨论。

而后一种理论的表征方式会更加多样化；前一种主要出现在理论物理学中，而后一种在生物学中也很常见。笔者把这两种统一地看作科学理论而暂时不涉及相关性和因果性的区分。

5.1　何为科学理论

科学理论通常指的是科学家用来表示他们在某个特定现象领域的观察和实验所产生的知识的一种形式，采取的表征方法可以是多样的。[1] 例如，在牛顿力学中的"力"可以用符号表示为质量乘以加速度（$F = m \cdot a$）；而孟德尔遗传学认为，在生殖细胞的形成过程中，成对的基因是独立分离的。这种对"理论"的表示形式不同于对科学现象的刻画和表征，后者是单称命题而前者是全称命题。科学理论通过建立概念之间的关系（量化和非量化皆可）来表示科学知识，重要的是这些概念并不一定能够直接联系到客观事物。[2] 科学理论就是通过在概念之间建立连接来达到预测和解释的功能，但一般不是通过理论直接达到这些功能（理论中的概念都是抽象的概念），而是通过理论的推论方式来达到。例如，为了预测或解释一个给定的物理系统的行为，人们将通过

---

[1] 哲学中关于什么是科学理论有很多不同的划分方法，有一种观点认为科学理论需要提供解释，而把科学理论与科学定律区分开来，后者只是提供不同现象之间的关系，例如牛顿的万有引力定律就是一种定律而不是理论。我们采取更加宽泛的看法，认为科学定律也属于科学理论，但是这样也会造成很难区分经验定律和理论定律。

[2] 关于经验定律是否是科学理论有不同的看法，有些人认为只要是定律（law）就可以看作理论，而有些人则认为，那些能够直接从经验中得到的定律（例如"金属加热会变红"）不是科学理论。

质量和力的概念来表示它，从而获得一套方程（从 $F = m \cdot a$ 的假设中得出）。比如，要预测一个水平阻尼摆的行为是无法直接套用牛顿第二定律的，需要对之进行受力分析并通过描述水平阻尼摆的方程这个过程来得到所需的预测或解释。同样，对于孟德尔的遗传理论，通过引入基因和描述这个概念所指的假设实体的行为（通过孟德尔的概率定律）可以预测和解释在连续几代的个体中可观察到的特征的分布。[1] 可以看到，理论既可以作为一种表征（用来解释），也可以用来作为推论和计算的工具（用来预测）。

　　科学理论与科学模型在很多语境中会混用，两者的区分和定义一直有争议，这也涉及科学哲学中是以理论为单位还是以模型为单位去分析科学知识。而在机器学习中，"模型"是基本的单位，如果要对比科学知识与机器学习并把两者联系起来，从模型的观点或者至少从一种能够兼容科学理论角度的模型的观点去分析会更加有效率。我们不去试图对比科学哲学中那些对于科学理论和科学模型分类的不同说法，而是找到一个少有争议的方式去进行刻画。

　　因为科学理论中的概念大多是非常抽象并且与经验现实没有直接联系的，那么科学理论如何"具体"实现其解释和预测的功能，以及与具体现象是如何连接的，这些问题就需要哲学澄清。这种澄清其实是科学哲学自出现以来的重要的任务，通过这种澄清也可以把科学与形而上学以及非科学（却可能有一定预测能力）区分开来。这种对概念的澄清和辨析不仅关注概念本身与

---

　　[1] BARBEROUSSE A, BONNAY D, COZIC M, et al. The philosophy of science: a companion [M]. New York: Oxford University Press, 2018: 173.

实际现象之间的关系，还关注概念之间的关系，因为理论的解释和预测功能是通过这种关系而建立的，同时很多科学概念是在与其他理论的关系中才获得意义。所以，理论内部的"逻辑"关系也是概念澄清的重要组成部分，理论的内容与理论的结构之间具有非常重要的联系，甚至结构会决定内容，这就不难理解为什么早期的科学哲学的重要流派被称为逻辑经验主义。

科学理论及其结构的问题到目前仍然是开放的和热门的讨论话题，我们需要了解到目前为止哪种理论能选定（并发展）一个合适的角度去描述科学理论的结构，从而分析机器学习对于发现这些理论的可能的作用。从 20 世纪开始，哲学尤其是科学哲学开始系统地关注"什么是科学理论"这个问题。根据一个当前比较主流的区分方法，这个问题的答案可以分为语法的（syntactic）、语义的（semantic）和语用的（pragmatic）三种，语义和语法的方法又被称为形式化的方法，语法和语用的观点都不同程度上涉及了科学模型的引入和分析，而语用的观点同时又可以自然地扩展到科学实践哲学认知进路。下面我们就按照这种分类来做简要介绍和分析。

5.2　形式化重构的观点

5.2.1　语法的观点

哲学尤其是 20 世纪的科学哲学所关心的科学理论及其结构

是从逻辑经验主义和逻辑实证主义对科学理论的"理性重建"
开始的，认为科学的理论可以通过"逻辑"的语言（元数学的
语言）被重新形式化地构建（formal construction），同时也区分
了发现的语境和辩护的语境。这类看法从 20 世纪初开始直到 70
年代发展出了很多不同的版本，例如卡尔纳普、亨普尔、内格尔
等的版本都各有不同。这些观点都曾经是科学哲学中的"正统"
的观点，被普特南（Hilary Putnam）称为"被接受的观点"（the
received view），同时也都被后来自称语义进路的观点称为语法的
观点（syntacticview）。我们这里不去详细地区分逻辑经验主义不
同版本之间的异同，主要根据卡尔纳普和亨普尔为主的观点去简
述其主要特征以及为何被称为语法的观点的。

　　语法的观点从词汇（term）、语句（sentences）和语言（lan-
guage）三个层次进行了区分并自下而上进行构建。在词汇层面
区分了观察（observational）词汇、理论（theoretical）词汇和逻
辑（logical）词汇。典型的理论词汇如分子、原子、场、蛋白质
等，不直接指称可观察的实体（entities）或者过程。而观察词汇
则相反，是那些可以直接指称可观测的实体、特征、关系和过程
的词汇。逻辑词汇则没有任何指称，包括量词（如 ∃、∀）和
连接词（如 ∧、→）。

　　"词汇"是最基本的构建材料，词汇可以根据一定的规则构
成"语句"，而语句和词汇又共同组成"语言"。语言可以分为
理论语言和观察语言，这两个语言都可以包含逻辑词汇，但是理
论语言只能包含理论词汇，而观察语言只能包含观察词汇。观察
语言中的句子或者陈述可以用来描述一个具体的事态，也可以用

来表示特定现象的一般性的规律。例如前文中经常举例的"金属加热会发红"就是一个观察语言中的句子，其中的每个词汇都是可以有直接的经验指称。理论语言中的句子不能直接指称经验，但是可以通过演绎（deduce）的方式来解释经验定律或者某些特定的经验状态，我们可以通过表5-1[1]来直观地了解这个分类：

表5-1　科学结构的语法观点

句子类型	理论		观察
	理论句子	桥接句子	观察句子
词汇	理论词汇与逻辑词汇	理论词汇、逻辑词汇及观察词汇	观察词汇与逻辑词汇
语言	理论语言	理论语言与观察语言	观察语言

资料来源：https：//plato. stanford. edu/archives/spr2021/entries/structure - scientific - theories/。

这种理性重建的方法比较符合直觉，因为主要使用数学语言的科学理论本身是抽象的，例如牛顿第二定律（$F = m \cdot a$）这个公式并没有告诉我们什么，我们需要把这个式子与我们对具体事物的观察联系在一起，也就是说，理论词汇和语句的意义需要还原或者联系到观察词汇才能得到。但是理论词汇很多时候没法直接还原到观察词汇，需要一个中介也就是所谓的"对应规则"（correspondence rules）。那些精确的指导或者控制我们把抽象理论与实际观察联系在一起的"操作"就由对应规则描述。这种

　　[1]　WINTHER R G. The Structure of Scientific Theories ［DB/OL］. The Stanford Encyclopedia of Philosophy，2021 ［2023 - 03 - 24］. https：//plato. stanford. edu/archives/spr2021/entries/structure - scientific - theories.

被称为"语法"的观点的重要内容就是对于理论词汇和观察词汇的区分以及对应规则的给出。

对应规则的重要性在于经验规律是无法直接通过理论规律导出的。亨普尔举了经典的 19 世纪关于气体分子的理论来说明。19 世纪关于气体分子的理论规律是要去描述每单位气体体积中气体分子的数目、速度等，如果要通过这个理论规律去导出或者联系到经验规律的话，我们要知道气体分子是如何碰撞的，但这一点在当时观察不到（其实在 21 世纪初的今天也无法批量观察到）。既然理论规律涉及的气体分子的行为看不见，我们如何用这样的理论规律中演绎出关于气体压力与温度等可观察规律？理论规律只包含理论词语，而我们需要的是包含可观察词语的经验定律，这就需要一组把理论词语与可观察词语连接起来的规则的集合，例如，"气体的温度与气体分子的平均动能成正比"这样的规则，亨普尔将这些规则的集合称为"对应规则"。

对应规则不仅仅是对观察和理论的直接连接，而且是肩负起一种被称为"部分解释"（partial interpretation）的功能。普特南在 1966 年去刻画这个被称为"被接受的观点"时说："一个理论是被部分解释的运算（calculus）。"❶ 所谓的部分解释指的是，理论不是经验的概括，而是要多出一些东西从而能够演绎出新的规律，理论作为整体提供意义，而不是每一个理论词汇或者语句都能够直接通过还原到经验词汇而获得意义。

逻辑经验主义哲学家对科学理论结构的分析之所以被称为是

---

❶　PUTNAM H. What Theories are Not ［J］. Studies in Logic and the Foundations of Mathematics. 1966（44）：240 –251.

语法的，在于其认为理论的核心是语法骨架（skeleton），也就是由理论词汇和理论语句构成的体系。他们认为，对科学理论进行形式化就是要把语法骨架与对之的经验解释区分开来，同时可以直接用对应规则把语法骨架与经验现象联系在一起。这种语法的角度会带来很多问题，例如，很多学科领域无法精确地区分各种词汇和句子，对于这类方法的批判几乎是从 20 世纪 50 年代开始的科学哲学的又一个主流。对于本书的目的来说，这种语法的方法也没法告诉我们如何"发现"科学理论（当然这个任务本来就是逻辑实证主义要避免的），但是语法方法对我们的主题的一个优势是——"自动发现"中的自动，因为只要是可以形式化的、可以说清楚的东西，就有"自动"的可能。

5.2.2 语义的观点

一种"语义"的观点对上述所谓的"被接受的观点"给出的图景并不认同，认为理论的语法骨架与对语法骨架的解释是无法分离的，理论不是从对应规则那获得意义，而是自带解释，而这些解释可以由一组数学结构提供。"语义"的观点试图不仅仅用形式逻辑的语言而是使用更多的数学工具，或者说不仅仅用元数学的方法而是综合使用元数学与数学的方法去提供解释。语义方法又可以分为态空间和集合论/模型论两种不同的方法。❶ 语义方法的一个核心观点是，理论应该被看作"模型"的集合或者家族，是超语言的实体，而不是语法方法所认为的用语言表述

---

❶ 数理逻辑是作为元数学还是作为数学的一部分一直有不同的看法。

的句子的集合。这里的"模型"是数理逻辑中（或者说逻辑以及数学中）的严格意义上的模型，所以根据语义的观点，一个理论的内容是由其数学理论给出的，也就是满足其各种形式化表述的模型的集合给出的。

这里就涉及何为逻辑和数学中的"模型"，简单来说，当通过公理化的方法给出一个"理论"（形式化的理论），那么，这个理论的模型就是那些能够让这个理论为真的数学或者逻辑结构。当然这个定义可以不失一般性地扩展出去，对于一个理论（一个或者一组陈述）来说，一个模型就是使这个理论为真的一个解释，这个模型可以是抽象的，如一个数学结构，也可以是一个具体的对象，如一个实物模型。举一个经典的范·弗拉森用来阐述形式化的七点几何的例子❶，一个理论 T 由如下 6 个公理组成：

A0：至少有一条线。

A1：对于任何两条线，至多有一个点位于两条线上。

A2：对于任何两点，两者上都只有一条线。

A3：每条线上至少有两个点。

A4：只有有限多个点。

A5：在任何一条线上都有无限多的点。

我们就单看这 6 条公理，假设其中的"线""点"是没有任何意义和指称的符号，其中对于线和点的关系的描述也暂时没有任何指称而只是具有整体上的逻辑的约束，我们可以看到这 6 个

<hr />

❶ Van Fraassen B C. The scientific image ［M］. Oxford University Press, 1980: 42.

公理组成的理论可以是一致的。我们可以给公理中的符号和概念指派指称的域，也就是给予其一定的解释，并查看在一定的解释下这个理论是真还是假。例如，图5－1表征的几何结构就满足理论T，因此，我们可以说图5－1（范·弗拉森的"七点几何"）是理论T的一个模型。

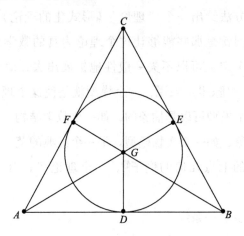

图5－1　范·弗拉森"七点几何"

在确定了理论的结构之后，理论如何应用于实际的现象以及如何获得经验的内容？语义的观点认为，模型本身就可以与经验现象产生关联。不同的语法进路有不同的分析方式，有的通过对模型进行分层，有的通过"相似性"，有的则通过"同构"的方式。其实无论是语法方法还是语义方法都是一种形式化的重构，都是要把科学理论给形式化，并通过某种方式把理论与经验相连，而两者的差别主要在于如何相连。不同于语法方法主要是对理论重建的一种理想的描述，在语义方法中真的有哲学家和科学家提出对具体的科学理论的公理化，例如范·弗拉森对量子力学

的重构❶，汤普森对演化生物学的重构❷。而最早实际应用的例子来自萨普斯早期对经典力学公理化的工作。❸

5.2.3　通过范畴提升对语法与语义的同构

汉斯·哈沃森（Hans Halvorson）认为，语法和语义进路实际上并没有本质上的矛盾，并试图通过范畴的语言来消除两者在重构科学理论上的区别。❹他首先区分了平坦的（flat）理论和结构化的（structured）理论以替代语法/语义区分的重要性。语法的观点一般主要是平坦的，例如语法的观点经常这样形式化（formulated）地表示：一个理论是语句的集合。这种形式化提供了一种平坦的观点——一个理论由某些事物构成，但并不包含这些事物之间的关系和结构。同样，语义的观点中也有平坦理论，例如一个语义观点的平坦版本可以形式化为：一个理论是模型的集合。而一个结构化的语义的版本可以在认为理论是模型的集合的基础上，再加上这些模型之间特定的映射。

哈沃森认为 20 世纪五六十年代科学哲学中用集合论作为刻画科学理论的语言是自然的，因为那个时候的数学中，对数学结

❶　VAN FRAASSEN B C. Quantum Mechanics：An Empiricist View ［M］. Oxford：Oxford University Press，1991.

❷　THOMPSON P. Formalisations of evolutionary biology ［M］// GABBAY D M，THAGARD P，WOODS J. Philosophy of biology. Amsterdam：Elsevier，2007：485 –523.

❸　SUPPES P. Introduction to logic ［M］. New York：Van Nostrand，1957.

❹　HALVORSON H. Scientific Theories ［M］//HUMPHREYS P，CHAKRAVARTTY A，MORRISON M，et al. The Oxford handbook of philosophy of science. New York：Oxford University Press，2016：585 –608.

构最好的刻画就是集合论，而几十年过去后现在在数学界最流行的刻画语言是范畴论（category theory），所以对应的也应该在科学哲学中改用范畴的语言。范畴论顾名思义是研究范畴的理论，那什么是一个范畴？简单地说一个范畴由对象（objects）和对象之间的箭头（arrows）构成。例如，集合范畴就是由各种集合以及这些集合之间的箭头构成；群范畴就是由群作为对象，由群之间的态射作为箭头。范畴和范畴之间的映射称为"函子"，再往上抽象一层，函子和函子之间也可以有关系，称为自然映射，还可以以此类推不断往上抽象。从一个更大的视角看，范畴工具为数学学科中不同领域之间提供一种鸟瞰的方法，图 5 - 2 展示了范畴论可以发挥一种沟通和刻画不同数学分支的作用（马丁·库佩的数学地图）。

图 5 - 2　马丁·库佩的数学地图

哈沃森认为，关于科学理论范畴论的观点有很多优点并为未来科学哲学发展提供图景。例如，关于科学理论的平坦观点的一个问题是其很难提供一个合理的关于"理论的等价"的概念，而范畴的方法可以弥补这个缺陷。根据语法的观点，关于理论等价的最好的解释是"有同样的定义上的扩展（definitional extension）"，而如果用范畴的语言，两个理论有一个共同的定义上的扩展其实就是在理论之间存在可以保持推理关系的映射。另外，语法的观点有很多缺陷，无法回答一些关于不同理论之间关系的相关问题，比如无法回答哈密顿方法和拉格朗日方法是不是等效的理论这个经典问题。而这些缺陷的原因在于，当把理论看作平的、没有结构的模型的类时，就无法回答理论之间的关系问题。如果把理论看作范畴，那么理论之间的映射就是范畴之间的映射，也就是函子，这样就具备了更好的言说的工具。函子的很多特性可能会引起科学哲学家的注意，例如，一个函子如果是满的、忠实的且同时是满射，那么看上去就会是理论等价的一个好的备选。哈沃森认为，如果把语法和语义的观点当作并没有实质性的不同，就可以用范畴语言在两者之间建立起联系，在语法的表征和语义的表征之间切换。

可以看到，既然语义和语法的观点都是形式化的，而形式化所用到的工具可以用数学（包括元数学）表示，所以刻画数学结构的工具范畴论就可以被用来统一语法和语义的观点。而在笔者看来，范畴论本身是数学具身性的一种体现。范畴论被看作一种更加高级的抽象，是类似集合论这种对集合的抽象之上的抽象。数学一直被看作一种非常抽象的领域，但是何为"抽象"？如果把抽象看作一种人的认知活动，那么抽象活动本身是对具象活动的一种映射，从认知的角度看，抽象思维是有（具体的）物质活动基础的，这就涉及我们下面要讲的实践的观点。

5.3 语用——实践的观点及其认知进路

无论是语义观点、语法观点还是试图消除两者差异的范畴提升方法，都可以被称为"形式化"的方法。● 20世纪末科学哲学中有一类观点认为，如果不考虑一个理论构建的过程以及使用的过程，不考虑理论的、语用的和认知的方面，而仅仅看其形式化的结构，则无法从根本上理解科学理论内容和意义，这种被称为语用的观点主要来自科学哲学中的实践和认知转向。

近二十多年在科学哲学中出现的"实践转向"● 认为在实际的科学实践中，科学家们更多的是在构建、操控模型并通过模型进行推理，而不是把理论通过"假说—演绎"的方式应用于真实世界。所以这种实践转向更关心科学家们是如何使用"模型"的，而不是如何使用"理论"。● 要注意到，这里"语用的"和"实践的"观点中所说的"模型"不同于语义观点中的逻辑的和数学的"模型"，后者是一种抽象的形式化的数学结构，而前者含义更广，不仅包括更加具体和实际的对象（如实物模型和思维模型等），还可以包括思维中的虚构的模型。实践转向包括很多

● 简单地说，所谓形式化的方法就是那些能够清楚地区分语法与意义的方法。

● 一批实践转向的科学哲学家构建了一个科学实践哲学的社区 SPSP（Society for Philosophy of Science in Practice）举办每两年一次的科学实践哲学全球会议。SPSP 网址 https：//www. philosophy - science - practice. org.

● BARBEROUSSE A，BONNAY D，COZIC M，et al. The philosophy of science：a companion [M]. Oxford：Oxford University Press，2018：212.

种不同的路径，对"模型"的解释以及模型的作用也各有不同的理解。例如有一种观点认为，理论并不能作为实际对象的表征，在理论和实际的模型之间还有一个理想化的模型作为理解和应用理论的中介。一个经典的例子是，当要把作为理论的牛顿力学应用到去解释和预测一个实际的钟摆，实际的做法不是直接用力学原理去分析具体的钟摆，而是构建一个理想的"单摆模型"。要先利用牛顿理论去分析这个理想的单摆模型（去除了摩擦力等需要忽略的因素），然后再用这个理想模型联系到具体的物理模型，所以一个理想模型才是我们理解科学理论和实际操作科学理论的中心。

　　与这种实践转向同时发生的还有自 20 世纪 80 年代开始的"认知转向"，一批科学哲学家和认知科学家如达登（L. Darden）、吉尔（R. Giere）、内尔赛西安（N. Nersessian）、萨迦德（P. Thagard），丘奇兰德（P. Churchland）等人，借助广义认知科学中的心理学、人类学、人工智能等学科的概念、方法以及经验研究成果对科学哲学中的一些问题，如科学概念的创新、科学范式变化、科学理论的发现过程等进行研究，形成了科学哲学的认知进路。对科学的认知研究，主要指从人类个体的认知能力如记忆、推理、知觉等，以及个体与环境的互动关系来理解科学及其实践活动。认知科学的几个子学科如心理学、人工智能、认知神经科学等都从各自方法角度对科学及其实践活动进行了相应的研究，而科学哲学家也会借助认知科学方法、理论以及实验数据来增进对科学的理解。对科学的认知研究是一门跨学科的研究领域，大致可分为两类。一类是像科学哲学、科学知识社会学以及人类学等原来已经对科学进行过长期研究的领域，借助认知科学的方法从认知的视角对科学进行的研究，科学哲学的认知进路就属于这一类；另一类是随着 20 世纪中叶开始的认知科学大发展，在认知科学这个跨学科领域的内部以科学认知为对象的经验性的研究，例如认知心理学和认知神经科学对具体的科学认知过程的研究。虽然这两类研究相互影响并共同发展（萨迦德就同时是科学哲学家和认知科学家），但前者更注重科学及其活动的整体性质，后者则偏向具体认知能力的经验性研究。下面先分析介绍科学哲学认知进路中的三个代表人物：吉尔、内尔赛西安以及萨迦德的相关工作，并在此基础上提出一个结合科学实践哲学、基于具身数学认知的研究进路框架。本书第 6 章再详述具身数学认知。

吉尔是比较早从认知维度研究科学的科学哲学家，他把到目前为止对科学的研究方法分为五种，包括逻辑的、方法论的、历史的、社会的以及认知的。他曾尝试把科学哲学中关于科学理论结构的概念替换成认知科学中的概念，并提出一个关于"科学知识的认知建构"的计划。❶ 吉尔在早期提出一种"模型理论"的进路来理解科学理论，认为我们写在教科书中的，被数学等式定义的物理系统都不是真实世界的系统，而是一种抽象的、理想化的系统，是真实世界系统的"模型"。这种模型作为一种表征存在于科学家的心智或大脑中，是科学家对真实世界的抽象，而科

❶ GIERE R N. Explaining Science：A Cognitive Approach［M］. Chicogo：University of Chicago Press，2010.

GIERE R，FEIGL H. Cognitive Models of Science［M］. University of Minnesota Press，1992.

学理论则可以看作是这些模型的家族群与连接这些模型和真实世界系统的各种假说的组合。吉尔认为这种作为心智表征的模型具有等级结构，并借用认知科学中关于概念范畴等级结构的理论来说明这些模型之间的结构关系。例如，他考察了经典力学中单摆的几种模型之间的等级结构，并用莱可夫的人类认知辐射模型来解释。❶

吉尔后来提倡利用分布式认知去研究科学❷，并提出分布式认知的主体（agent）进路。他认为，人类基础的认知能力通过两种方式参与到科学实践活动中，一种是基础的认知能力在新的科学语境下发挥作用，另一种是人类利用基础的认知能力来创造人工物，从而创造人类认知世界的新能力。而第二种中所说的人工物则又包含物质性的和符号性的两种，前者如显微镜、空气泵，后者如解析几何、微积分等。这两者都在科学知识的创新（如科学革命）中发挥重大作用。吉尔认为，分布式认知是考察这些人工物在人类认知实践中作用的理论，所以他认为可以基于分布式认知来更好地理解科学。例如在对科学革命的解释中，人们一直认为科学革命引入了一种新的看世界的方式，但具体这种

❶ GIERE R N. The cognitive structure of scientific theories [J]. Philosophy of Science, 1994, 61 (2): 276 – 296.

❷ GIERE R N. Discussion note: Distributed cognition in epistemic cultures [J]. Philosophy of Science, 2002, 69 (4): 637 – 644.

GIERE R N. The problem of agency in scientific distributed cognitive systems [J]. Journal of Cognition and Culture, 2004, 4 (3 – 4): 759 – 774.

GIERE R N. Scientific Perspectivism [M]. Chicago: University of Chicago Press, 2006.

GIERE R N. The Role of Psychology in an Agent – Centered Theory of Science [M] // PROCTOR R W, CAPALDI E J. Psychology of Science: Implicit and Explicit Processes. Oxford: Oxford University Press, 2012: 73 – 85.

方式是什么则存在争议。侧重理论的研究者强调数学、柏拉图的理念论以及思想实验在科学革命中的重要性，而侧重实验的研究者则强调实验方法和新工具（如望远镜和显微镜）的作用。吉尔认为从分布式认知角度看可以提供一个统一的解释，即科学革命是创造一个新的分布式认知系统。例如，笛卡尔坐标系和微积分等提供了一种新的外部表征，而望远镜和显微镜则提供了通过扩展的认知系统去探索物质世界新的经验知识的可能。所以是分布认知系统的改变所创造的新形式推动了科学革命。

吉尔虽然认为通过分布式认知可以很好地帮助我们理解人类生产科学知识的活动，但是分布式认知却很难摆脱认知科学中的计算主义，所以他选择一种基于主体的分布式认知理论，把科学家看作分析的重要单元，把科学理论看作科学家创造的概念结构，实验则是科学家的实践活动，而什么是科学则取决于科学共同体的判断。这种基于主体的分布式认知不仅把科学家看作整个分布式系统中的计算节点，还看作真正的主体——拥有信念、意图、责任以及意识。吉尔认为这样不仅可以避免计算主义，还可以在对科学的认知研究和社会研究的裂隙中构建桥梁。吉尔的这种观点与本书的观点相似，但是真正的主体所拥有的信念、意图等如何与形式化的结构相结合，主体的差异性如何共同造就了客观的主体间性从而涌现出相对客观的科学模型和科学理论，这里面的动力学的细节在吉尔那里并不清楚。

内尔赛西安长期从认知的角度研究科学概念的变化问题，认为科学中的新概念主要是涌现自科学实践活动中的问题解决过程。这个问题的解决过程涉及科学家所处的"认知—社会—文化"环境，以及对这个环境所提供的概念性的、分析性的和物质性的资源的使用，而同时这个环境也是被这些资源所创造出来的。❶ 内尔塞西安认为，在这个问题解决以及新概念涌现的过程中，虽然如赖欣巴哈所说不存在着一种"发现的逻辑"，但是却存在着一种"发现的推理"。她认为这种推理是基于模型的，并使用了一种称为"认知—历史"的方法来研究这种推理过程。因为从自然主义的观点来看，要理解科学概念的变化就需要实际地分析历史上的科学探索过程，所以需要分析历史记录，而科学家们科学探索过程又依赖于人类基础的认知条件和能力，所以需要借助当今认知科学对认知的理解来分析。这个"认知—历史"方法的一个基础和前提是"连续假设"，即预设科学探索中使用到的认知能力与人类日常生活中的认知能力是连续的。这个假设认为科学实践中用到的认知技能要比人类在日常生活环境中用到的要复杂，科学家们扩展并改善了日常的认知技能用来探索自然的本性，科学的与日常的认知方法和技能分别处在连续谱的两端，了解任何一端都有助于理解人类的整个认知。

内尔赛西安基于其历史—认知方法做了两个案例分析，一个是关于麦克斯韦基于法拉第对于磁的研究而对电磁理论的发展，另一个是对特定科学推理的实验研究。在第一个案例中，她详细分析了麦克斯韦 1861—1862 年的论文中为统一电磁模型做的工作，认为这是一个基于模型建构的推理过程，将之分为三个模型的建构阶段，并详细分析了麦克斯韦是如何在已有的电磁学相关

---

❶ NERSESSIAN N J. Creating Scientific Concepts［M］. Cambridge：MIT press，2010：57.

问题域约束下，一步步构造模型达到其预想的统一理论。她认为麦克斯韦在案例分析中所展现的基于模型的推理实践同样被各种类科学家们所广泛采用，其认知的基础则在于人类的心智建模能力，这是一种模拟性的思维，也是一种知识的组织形式。这种能力植根于人类可以同时想象真实世界和虚构世界，并根据当前情形推导将来情形等的一些认知能力。内尔赛西安分析并综合了认知科学中几种关于心智模型的理论，发展出一种可以解释其提出的基于模型推理的心智模型。

内尔赛西安自 2001 年开始带领跨学科团队对五个生物工程实验室进行了长期的认知人类学研究，把其基于模型推理的思想以及"认知－历史"方法推广应用到这些研究中。❶ 他们对实验人员的认知实践与学习实践活动进行研究，通过田野记录、访谈录音、会议录音录像等手段记录这两个实验室日常研究工作的大量数据。而主要目的是要对根植于社会、文化与物质环境中的"问题解决实践过程"发展出一个综合的说明，尤其是对科学中新概念创新的说明。所研究的五个实验室解决问题的手段主要是构建物理的或计算机模型。例如，生物工程实验室 D 的目的是研究神经网络的学习机制，为此他们在体外培养了真实的神经网络作为物理模型，并针对这个物理模型构建了计算机模型。内尔赛西安团队分析了其整个实验室如何在这两类模型作为外部表征的帮助下，借助已有的关于单个神经元性质的概念，发展出其创新的对于神经元网络记忆机制特性的刻画，其中特别突出了计算机

---

❶ NERSESSIAN N J. Modeling practices in conceptual innovation [J]. Scientific concepts and investigative practice, 2012, 3: 245 – 269.

模型可视化方法的作用，以及实验室内部不同模型的研究人员如何在不断交互中涌现出关于神经元网络特性的新概念。

内尔赛西安认为，在已有的对科学的研究中，有一个"整合难题"（integration problem），即有一种从社会文化角度对科学的研究和从理性－认知角度对科学的研究之间的人为的区分，以及没有充分结合科学中的"个人"维度。针对这个问题，他们在对实验室的研究中把"实践中的人"（acting person）作为分析的焦点和单位。例如在对生物工程实验室 D 的研究中，他们关注"情感性的表达"这个维度，利用心理学中的相互作用理论（transactional theory）来解释诸如实验室中研究人员把一些情感赋予研究对象（培养的细胞），即对研究对象的一些拟人化等的现象。例如生物工程实验室 D 的一些研究人员认为，作为实验对象的细胞"能够感觉到高兴"，并有着一些"要求"，这个要求就是照料这些细胞以保持它们的活力。对于这两个实验室，"happy cells"对单个研究者要解决的问题以及实验室的工作都非常重要，因此对在更大范围内知识传播的构建也很重要。内尔赛西安研究团队认为，如果把带有感情的状态给予细胞可以表达一些研究者感情能力，从而表达研究者具身性关系，那么就可以说感情暗含在这些实验室每天的认知实践当中，并且这个模式具有一种社会的特别是地方规范性的特征（例如，给细胞赋予感情就是实验室 D 特有的，并形成了一种话语规范）。

加拿大哲学家及认知科学家萨迦德是认知科学中表征计算进路的支持者，基于此进路，他从认知的角度重新考察了科学解释、科学创新以及概念变化等科学哲学的传统问题。对于从认知的角度研究科学，尤其是利用认知科学研究哲学，他构想了一个统一的框架，例如，假设某种科学思想或活动为 S，那么哲学家分析 S 的历史案例，心理学家做关于成人和儿童如何做 S 的行为实验，神经科学家扫描人们做 S 时的脑结构，计算机科学家构建可以模拟 S 的程序，语言学家和人类学家研究 S 是否跨文化而不同。❶ 萨迦德支持一个非常强的认知观点"组合猜想"（combinatorial conjecture），认为所有的创新，包括科学发现和技术发明，都是心智表征结合的结果，创新中的新概念来自于旧概念的组合。例如，对于"声波"这个概念，其中"声音"和"波"这两个都是很自然的概念，古希腊哲学家克里希波斯（Chrysippus）把两者结合来解释传播和回声等声音现象。再比如，达尔文把当时人们熟悉的人工养殖当中的"选择"与动物中为了生存的"自然竞争"这两个概念结合在一起，形成"自然选择"这个概念。❷ 萨迦德考察了从杠杆定律到人类基因组等"一百个最伟大的科学发现"等案例，认为它们都支持"组合猜想"。

既然把创新看作心智表征组合的结果，那么如何解释以及刻画这些心智表征，在不同的时期不同的认知科学子学科则不相同。心理学中关于概念结合的认知理论一般都被严格地限制在语言表征上，但是概念的结合却包含知觉，例如"波"的概念包含视觉，"声"的概念包含听觉等。而在人工智能领域，对表征

---

❶ THAGARD P. The Cognitive Science of Science：Explanation，Discovery，and Conceptual Change ［M］. Cambridge：MIT Press，2012.

❷ THAGARD P. Creative combination of representations：Scientific discovery and technological invention ［M］//PROCTOR R W，CAPALDI E J. Psychology of Science：Implicit and Explicit Processes. New York：Oxford University Press，2012：389－405.

结合的计算机模拟也被限制在符号模型领域，虽然具有很强大的表征力，但是无法表示知觉以及感情等。萨迦德近期提倡从神经元层面来理解和表示表征，这不同于传统的符号主义进路和连接主义进路，从神经元层面可以整合更多的感知觉因素，例如听觉、触觉以及运动控制系统等。❶ 关于对神经机制如何形成表征的问题的研究，在认知神经科学中也有很多不同的进路，而萨迦德则支持其中一种利用卷积神经网络来研究的被称为语义指针（sematic pointers）的理论，该理论基于一种从信息角度考察人脑功能的神经工程框架，把人脑神经网络不同层次的信息抽取看作一种压缩信息的"指针"，同时把人脑的运动控制系统看作对输入的知觉信息处理的相反操作，即一种解压。❷ 萨迦德关于创新性的表征理论涉及以下 5 点：

（1）创造性来自表征的新结合。

（2）对于人类来说，心智表征是神经活动的模式。

（3）神经系统表征是多模态的，所包含的信息可以是视觉的、听觉的、触觉的、嗅觉的、味觉的、运动知觉的、感情的以及语言的。

（4）神经表征是通过卷积的方式结合的。

（5）引发创造性活动的原因不仅有心理的和神经的机制，还有社会的和分子层面的机制。

---

❶　THAGARD P, STEWART T C. The AHA! experience：Creativity through emergent binding in neural networks［J］. Cognitive science, 2011, 35（1）：1 – 33.

❷　ELIASMITH C. How to build a brain：A neural architecture for biological cognition［M］. Oxford：Oxford University Press, 2013.

　　上述三位哲学家从模型和认识出发，对科学的认识有其新意，但是也有一定的问题。科学哲学的认知进路经历了四十多年的发展，从认知的角度对科学理论创新、科学概念变化、科学实践过程等方面做了大量研究，研究方法涉及对科学理论的认知分析，对科学概念的认知建模以及对科学实践活动的实验室研究等。但总体上看科学哲学的认知进路还存在两个重要的问题，一个问题是科学哲学的认知进路仍然以表征计算为核心方法，而向具身方法转变具有一定困难。另一个问题涉及日常认知与科学认知的关系——当前的研究并没有突出科学认知的"科学"特征。

　　科学哲学的认知进路必然要基于认知科学的发展，认知科学本身经历了半个世纪的大发展，历经以表征计算为核心的第一代到以具身认知为代表的第二代范式，但第二代范式下有各种具身认知理论和研究（俗称的4E＋C），其范式虽已形成却仍未统一，反映在科学哲学的认知进路中同样如此。第一代的认知科学以表征—计算为基础隐喻，认为人类的认知能力可以通过人类神经系统对外在输入的表征及其上的操作得到刻画。相应地，在科学哲学认知进路中，吉尔的模型理论，内尔赛西安对科学概念变化的研究以及萨迦德对科学知识变化的计算机模拟，都是基于此纲领。虽然联结主义曾对表征—计算提出挑战，丘奇兰德也曾基于联结主义讨论科学认知，但是两者在核心假设上是一样的。被称为第二代认知科学的具身认知（广义），包含具身认知、情景认知、认知动力系统等不同子进路，把人类的身体性及其与周边世界的动态交互实践活动纳入对人类认知的刻画。相应地在科学哲学的认知进路中也可以看到一些从表征计算到具身的转变，例如吉尔和内尔赛西安把分布认知引入他们的理论，萨迦德在神经机制上引入了兼容多种知觉通道以及感知运动系统。

具身认知与近些年兴起的科学实践哲学有着类似的旨趣，在都强调从一种动态的实践的角度看待认知的立场上，具身认知是从人的认知向外扩展到人的实践活动上，而科学实践哲学则是从外部的身体性实践向内聚焦到人的认知上。传统的科学哲学是理论优位的，存在着理论与实践分离的二元观点以及规范性认识与描述性研究对立的状况。与此类似，从表征计算角度看待科学认知，仍旧会把科学理论本身看作静态的知识，预设了一种理论与实践分离的二元观点。科学的社会学研究虽然提供了一个研究科学实践活动与科学理论的统一框架，但却是一种外部性的研究，类似于心理学中的行为主义，无法打开科学认知和实践的黑箱。而从具身认知的角度看，科学理论本身来自动态的人类科学实践活动，所以可以提供一个自内向外的解释，甚至随着社会认知理论的发展，可以提供一种微观与宏观、个体与社会角度结合的统一研究框架。所以科学哲学的认知进路需要更多地借鉴具身认知的研究。但是当前科学哲学的认知进路虽然有部分的转向，从总体上看仍旧是以表征计算为核心的。不同于使用基于表征计算的认知理论，科学哲学的认知进路中引入的具身因素大多是一些概念的阐发，对具体认知模型的构建不多（这也与具身认知本身的特性相关）。例如吉尔提出的基于主体的分布式认知，就很难把主体的"意愿""目的"等因素加入其中，从而具体地讨论某类科学概念的变化。而内尔赛西安运用实践中的人作为分析的单元，描述了与科学实践哲学的关系，但是所借用的心理学的分析工具无法分析和统合人的活动与理论的关系，而只能分析科学实践活动中某些认知因素对科学理论建构、概念变化的外部影响，是一种从外部解释内部的路径。所以当前科学哲学的认知进路中存在一个问题，就是仍旧以表征计算为核心，虽然已经有了具身认知的转向，但是目前还停留在概念阐发阶段。

科学哲学认知进路中的第二个问题是没有突出科学的特殊性。对科学认知研究的一个重要目的就是要对科学的种种特殊性质进行说明，而不仅仅是对科学认知过程进行宏观描述。从已有的研究看，大多研究并不能很好地把对科学的认知研究与对其他认知活动的研究区分开。例如，萨迦德等人通过神经表征机制对创新性的解释，不仅能解释科学发现中的新概念，还可以解释技术发明、社会制度以及艺术想象中的各种创新。对科学概念的研究如果仅仅围绕概念的认知机制本身，就很难区分出科学概念的独特之处，而应该从认知角度，把概念以及使用概念的认知活动，与科学实践活动及其与环境之间的互动关系加以说明（这与上述第一个问题也是紧密联系的）。另外，科学的特殊性至少与数学的运用以及定量实验相关。数学在自然科学中的应用是其重要的特征之一，数学本身的发展与科学的发展互相影响，例如近代科学的发展就与数学中的笛卡尔坐标的出现密切相关，后者把代数与几何联系在一起，让我们可以用代数去刻画时空中运动的物体。所以要了解科学及其活动的认知机制，就必然也要了解数学的认知机制，而目前很少看到从数学认知的角度对科学的研究。

综合以上分析，我们需要一种从科学实践哲学的视角，基于（具身）数学认知的研究进路。20 世纪 90 年代兴起的科学实践哲学采取一种自然主义的哲学方向，把科学活动看成人类文化和社会实践的一种特有形式，并试图对科学实践的结构和变化的主要特征做出理论阐释。科学实践哲学要求放弃理论理性和实践理性的人为分界，以实践而不是理论为中心来进行科学哲学的研究，倡导一种基于同时考虑到理论、实践和世界的分析框架下的关于科学实践的哲学。所以结合科学实践哲学的视角和方法，从认知的角度研究科学可以避免对理论和实践的二分，从而可以基于一个以实践为基点的统一框架对科学进行说明。目前科学实践哲学研究可以区分为解释学和新实验主义两个进路。两个进路已有大量成熟的研究。这两个进路都可以看作一种对科学自外向内的研究，而从认知的角度，则是一种自内向外的研究，可以看作对科学实践哲学的一个补充，从而形成科学实践哲学的第三条研究进路。

数学是科学的重要特征之一，理解或说明科学各方面的特性离不开对数学的解释，从认知角度理解数学是从认知角度理解科学的钥匙。我们尝试利用已有的基于认知语言学的具身数学认知理论❶，探讨数学及其应用在科学实践活动中的作用❷，尤其是以数学形式表达的科学理论与具身的科学实践活动之间的关系。由于科学活动本身不仅是一项社会性活动，还涉及人与人工物之间的关系问题，所以我们认为可以引入第二代认知理论中的分布

❶ LAKOFF G, NUNEZ R. Where mathematics comes from [M]. New York：Basic Books, 2000.

❷ 王东. 数学可应用性的一种认知解释：以自由落体方程为例 [J]. 自然辩证法研究, 2014, 30 (4)：6.

式认知，结合具身数学理论来说明人类如何在具身的实践活动中，用数学结构刻画自身与世界之间的关系，通过创造人工物等方式把这种关系运用在科学实践活动过程中，并历史地积累和发展起来。这是理解实践与认知之间关系的一种具体化的方式。

当然认知科学本身还在发展，我们对于人类日常的基础的认知了解得很少，但第一，我们并不能等到完全掌握了人类自身的日常认知之后才来探讨科学认知活动，因为前者在近期内是不可能的，而且日常认知与科学认知可以看作一个认知连续谱的两端，了解任何一端都有助于人类的整个认知。第二，虽然对科学的认知研究还处于初期，需要随着认知科学的发展，综合其各自学科的资源逐步深入地进行研究，但是只有深入其中，展开对还不成熟之科学的研究，才能从认知和实践的展开过程中，看到两者的关系是如何如其所是地发展、变化和相互作用的。因此，这样的研究才更加凸显其意义。

第6章 科学与数学认知

如果说本书第1部分对于人工智能在科学发现中作用的分析是基于已有的事实和机器学习的特性，给出了人工智能如何补充和协作人类科学活动的部分图景和可能性，是一种比较实证和主流的研究方式，同时本书第2部分的第5章也是基于科学哲学传统进行分析。那么相对来说下面这两章就有点要放飞自我了；笔者总是有一种形而上的冲动，想要在"彻底"搞清所谓科学的本质这种大话题的基础上去考察机器学习可能的作用，基于数学认知的科学实践的观点去分析科学发现与人工智能，很多内容有猜测的成分，但不妨一试。总的框架是：接受语用观点中关于科学知识尤其是科学理论是"模型"的理论，但是这里的模型是一种广义上的模型，要产生或者运用这种模型需要从一种活动和实践的角度去看，而模型的"结构"是通过人类的认知活动与世界发生联系。这种静态的"模型"是一种中间产物，就类似化学反应的中间产物一样，是一种中介，人类的所有活动（包括身体活动）之间的中介。而把人类具身活动和用符号表达的模型联系起来的方法就是数学，所以这里涉及对数学的具身认知的解释。数学是自然科学的两大支柱之一（另外一个是定量实验），虽然我们并不知道为何数学有如此的威力并能够很好地运用到自然科学，❶ 但我们暂时接受这个事实。下面的问题就是，机器学习或者更广泛地说人工智能，是否有能力把握数学成功地运用于自然科学这一过程。如果能的话，是按照人的方式还是按照其自身的方式；如果不能的话是为什么，能否形式化地证明。当然这些问题我不可能都有答案，我们会基于具身的数学认知尝试部分地进行回答。

自近代科学革命以来，我们对外部世界的了解甚多，可以发现、预测和控制越来越多的自然现象，但是对我们人类自身——无论是与很多动物共享的各种认知能力还是几乎独有的意识——都知之甚少。我们甚至都不"知道"自己是如何思考问题的，一些看似简单而且基础的数学操作，我们或许能够从"外部"描述其行为，也可以从"内部"体会其意义，例如执行"1"这个概念，我们举一下胳膊、写一个字、看见一个物体都是在使用这个概念，但是总感觉有说不透道不明的地方，好像有某种思考的循环在其中。我们在有了一些基本概念和操作能力之后，似乎可以基于这些概念和操作来进行更复杂的操作，进行复杂的逻辑思考和数学运算，例如从加法扩展到乘法，从自然数扩展到有理数和实数，从有限扩展到无穷。但很多时候我们认为"逻辑"的和有条理的思考，其实也是在我们通过某种自己难以察觉的方式得到结果之后反过来用"逻辑"的语言重新组织的。关于人的这些认知的过程，我们现在并不完全清楚底层的总体细节，有

---

❶ 或许是因为数学的基础来自人类大脑，或者说是生命适应我们这个世界的进化的结果，所以自然能够有效地帮助我们探索自然。

一些相互竞争的理论会从不同的角度去描述人的认知，如从表征计算的角度或者从所谓的第二代的具身认知的角度等；也有不同的关于意识的理论去定量刻画意识，例如全局工作空间理论或者意识的整合理论等。但总体上，人类的认知和意识运作过程还是一个谜，从计算主义的角度看是一个计算量庞大且功耗很低的谜。数学是科学的语言，人是如何"做"数学的，看到一串数学公式后是如何把这一串数学公式与理想模型和具体实例联系在一起并实际地进行操作的，这一类关于数学认知的内容是我们所关心的。当然，数学认知首先与人的整体认知系统是一体的，但是貌似又有一些不同之处，它不同于审美、感情等的认知过程，数学认知虽然感觉上好像更加"高级"，但其结果是更容易把握和刻画的，这也是笔者认为不用先搞清楚人的整体认知再来分析数学认知的原因之一。

　　本章在正式讨论具身的数学认知进路并结合到科学实践的观点之前，先简述一下数学在科学中的重要性并探讨一个经典问题——数学在自然科学应用中不可思议的有效性；接着概述数学认知的一些进展，包括对具身的数学认知的详细介绍，并尝试基于数学认知的具身进路给出一个定性的描述科学实践的框架；最后基于这个框架用一个简单的案例研究去展示其解决数学可应用性的问题。

6.1　数学在自然科学中不可思议的有效性

　　数学与以近代物理学为代表的自然科学有明显的不同，虽然很多人也把数学当作一种"科学"，但两者从研究对象和方法上有明显的区别，一个主要是经验性的研究，一个主要是形式化的研究。数学给出一些前提条件演绎推论出必然真的结论，而物理学给出的理论假说推导出的结论需要接受经验的检验。所以我们可以说当代的物理学相对于之前的更加正确，而数学貌似不能这么说。

从历史上看，虽然优美简洁的数学公式并不是一个好的科学理论的必备条件，例如法拉第的电磁学和达尔文的演化学说并没有用到很多那个时代高深的数学，但是大多数的科学理论尤其是物理学的理论，最终用数学符号表达式还是最优的。所以对于我们的主题"科学发现"来说，既然目前以数学公式为表征的理论中心还是不能被数据中心替代，那么人工智能科学发现的一个最重要的目标就是去发现用数学表征的科学理论。

数学与自然科学尤其是物理学的关系很神奇。一些数学家得到的结果在多年后才有可能被物理学家用到并赋予在物理世界的意义（最著名的例子是非欧几何），反过来当一些物理学家需要解决一些问题的时候会求助于数学家，或者亲自去发展数学，牛顿就是典型的例子，而当代物理学中的弦论也是。纯数学甚至可以不需要新的经验事实直接应用在自然科学中而获得发现，例如，麦克斯韦基于形式化的数学的方法而不是基于经验证据对当时的所有关于电磁现象的理论做了分析、修改而构建的麦克斯韦方程，预言了电磁辐射，并最终被赫兹证实。数学为何能如此有效地应用于其自身之外的领域？关于数字、集合、方程这类抽象对象的数学理论是如何应用于物理世界的?❶ 这些数学可应用性的问题一直没有一个很好的回答。很多物理学家和应用数学家惊讶于数学在自然科学中的"不可思议的有效性",著名的物理学家尤金·魏格纳 (Eugene P. Wigner) 曾说道:"数学语言在建构物理定律中所展现奇迹般的适用性是一个绝好的礼物,我们既无法了解,也不配拥有。"❷

我们目前并不十分清楚为何数学在自然科学的应用总会如此有效,从哲学的角度对这个问题有很多争论,但在解释上都存在着各自的困难(数学实在论与反实在论)。数学实在论认为,像数字、集合这样的数学对象是客观存在的,数学公理与定理是关于抽象数学对象的客观真理,因此,数学在科学应用中可以推导出真理是因为数学公理与定理本身是真理。但应用到物理世界的数学中包含无穷等结构,我们最好的物理理论却告诉我们世界并不是无穷的也非常可能不是连续的。所以包含无穷对象的数学如何能应用到有限的物理世界,是数学实在论

---

❶　虽然数学是非常抽象的,数学世界表面看上去与物质世界不同,但从古希腊开始就有一种观点认为,数或者数学是我们这个看似由物质构成的世界的本源或者本质。例如,毕达哥拉斯学派认为世界的本源是"数",柏拉图认为构成世界的基本元素是五种多面体,伽利略认为宇宙这本大书是由数学语言写成的,等等。物理学家惠勒也有关于万物源于比特的观点,数学家沃尔夫曼 (Wolfman) 有其数学宇宙计划,而麻省理工的物理学家泰格马克也认为世界最终的本源是数学(结构)。一批 IT 界的大佬们(如马斯克)也(曾经)认为世界可能是虚拟的,这在某种程度上也可以看作是以一种世界本源的数学(信息)理论。所有的这些理论和看法都可以合理地推论出如果要刻画我们的世界,数学就是最好的工具。

❷　WIGNER E P. The Unreasonable Effectiveness of Mathematics in the Natural Sciences [M] //MICKENS R E. Mathematics and Science. Singaore: World Sicentific Publishing, 1990: 291 – 306.

所要面对的问题。❶ 20 世纪下半叶很流行的一种数学实在论——蒯因和普特南的数学实在论——诉诸数学对于我们最好的物理理论的不可或缺性来论证数学的实在性，即用数学的可应用性来论证其整体实在论。在他们看来，数学实体对物理学对象的量化，对于我们最好的物理理论来说是不可或缺的，因此我们最好的物理理论的经验证据也同时从经验上证实了这些数学实体的存在。这种整体的实在论及其不可或缺论证的问题在于，没能说明数学为什么是不可或缺的。❷ 根据不可或缺论证的思路，像电子这样的理论假设实体，我们认为其对于我们最好的理论是不可或缺的，不仅仅是因为假设了电子的存在可以很好地解释很多现象，还因为电子在理论中具有因果效力。不同于电子，数学实体既不存在于时空中，也没有因果效力，所以其不可或缺性仍需要说明。

为了解释数学的可应用性，一些结构主义的解释也被提出，主要有平考克（Pincock）❸、席尔瓦（Jairo Joseda Silva）❹、贝克（Baker）❺、玛丽·棱（Mary Leng）❻。这一类结构主义的观点认

❶ 叶峰. 二十世纪数学哲学：一个自然主义者的评述［M］. 北京：北京大学出版社，2010.

❷ COLYVSN M. The miracle of applied mathematics［J］. Synthese, 2001, 127: 265 – 277.

❸ PINCOCK C. A revealing flaw in Colyvan's indispensability argument［J］. Philosophy of Science, 2004, 71（1）: 61 – 79.

❹ SILVA J J. Structuralism and the applicability of mathematics［J］. Axiomathes, 2010, 20（2 – 3）: 229 – 253.

❺ BAKER A. The indispensability argument and multiple foundations for mathematics［J］. Philosophical Quarterly, 2003, 53（210）: 49 – 67.

❻ LENG M. What's wrong with indispensability?［J］. Synthese, 2002, 131: 395 – 417.

为，数学与所要应用的对象之间的结构性的相似是其可以应用于科学的基础以及原因。下面介绍其中一种比较有代表性的被称为"映射解释"（mappingaccount）的理论。

映射理论[1]采用结构主义进路，认为在自然科学中所应用的数学的结构与自然科学研究的对象的结构之间有着相似性。该理论认为，解释数学的可应用性的关键在于解释为何可以在科学研究中使用"混合陈述"（mixed statement）。所谓混合陈述是指像"卫星的质量为 100kg"这样的陈述——其中既包含数学术语（数字 100），又包含关于世界某些性质的非数学术语（物理术语：卫星的质量）。数学术语是关于抽象的数学对象的，如数量、集合、方程等。而混合陈述中的非数学术语往往是关于物理世界实存的物体及其性质的，如卫星、苹果、长度、质量等。数学术语为什么可以与非数学的术语结合，为什么自然科学中可以使用这样的混合陈述？（即这些混合陈述的成真条件是什么?）映射理论认为，混合陈述的真，取决于在数学域（mathematical domain）与物理对象之间存在着某种特定类型的映射（mapping）。以计数为例，就是在被计数的对象与自然数的前段之间存在着同构映射（isomorphism）。而更复杂的应用会包含其他种类的映射，例如在物体的质量与数之间，就存在着同态映（homomorphism）（所以如果"卫星的质量为 100 千克"为真，表明在卫星的质量与自然数 100 之间有某种映射关系）。这种映射建立起来之后，我们就可以通过数学操作来解决实际问题，例如，在物体的质量

---

[1]　PINCOKE C. A new perspective on the problem of applying mathematics [J]. Philosophia Mathematica, 2004, 12（2）: 135-161.

与正实数之间建立起映射关系后，知道物体 a 与物体 b 的质量，就可以通过数学操作而知道物体 a 与 b 的共同质量而不用去实际再测量。根据这种观点，数学在自然科学中的作用有点类似于城市地图：一旦在城市地图与城市街道之间的结构性相似建构起来以后，地图就可以代表城市，我们就可以通过研究地图而发现很多平时很难直接发现的关于城市的性质。❶ 用数学结构来刻画日常生活或者经验科学的研究对象中的某些结构关系，而一旦这两者之间的对应建立起来，就可通过数学操作或者解数学问题来解决其所对应的实际问题。

映射理论在某种意义上是正确的。一个数学理论如果在经验科学和日常活动中可以有效地应用，它一定是刻画了那种活动和经验科学的研究对象系统的某种特性和关系。但是要说明数学的可应用性，仅仅指出在世界和数学之间存在某种结构映射，乃至逐个找出来都是不够的。在数学的实际应用当中，数学结构并不总是能精确有效地映射到物质世界的结构。有些时候当用数学解决物理学问题的时候，有些数学解并没有相应的物理对应物。例如在自由落体的问题中，由于自由落体方程 $h = \frac{1}{2}gt^2$ 是一个二次方程，所以有两个数学解（即落地时间 t 和 $-t$）。但实际上自由落体真正的落地时间只有一个，即只有一个解具有物理意义，而另一个没有。而有些时候，一些原本被认为是没有物理意义的解，后来又被发现具有物理意义。映射理论无法解释上述数学应

❶ BUENO O, COLYVAN M. An inferential conception of the application of mathematics [J]. Noûs, 2011, 45 (2): 345-374.

用中的现象。虽然映射理论可以反驳说，只需要解释所"用到"的那一部分有物理对应的数学即可。但问题在于，把数学应用到自然科学的一个目的就是要在建立起数学与研究对象之间的联系后，通过数学操作和解数学问题得到相对应的物理问题的解。如果存在没有物理对应物的数学解，那么，一个好的数学可应用性理论应该能解释其原因，这是映射理论无法做到的。在自由落体的情况中，可以根据常识判定哪一个数学解具有物理意义，但是在更复杂的情况中就无法仅凭常识进步判断了。例如，狄拉克方程是二次偏微分方程，解出的两个解一个对应于物质，但另一个是否有物理对应，有的话对应于什么，这些并不能简单地凭借日常经验获得，而是需要提出一个假设后再去实验验证（这个例子中，另一个解对应的是反物质）。所以一个好的数学可应用性理论应该要能在理论内部解释这些现象。

诉诸结构相似性来解释数学可应用性这个大方向是对的，但只是描述结构相似性本身对于解释数学的可应用性是不够的，还需要同时解释结构相似性的来源。笔者引入一种与映射理论相容的数学认知理论——具身数学认知理论，通过解释数学与其所应用的领域之间结构相似性的来源，来解释数学的可应用性。下面首先分析和介绍具身的数学认知理论，然后通过分析一个具体的自由落体方程负数解的案例来展现这种认知进路的可行性。

6.2 数学认知

人类有非常高超的数学能力，这是一种综合了内部思维、外部构建以及语言能力的综合认知能力。但数学能力并非人类所特有，有证据表明，有很多物种都具有简单的"数数"（shǔshù）的能力。人类的数学能力是在自然演化中成熟完善的，而不是在某个阶段忽然出现的。例如，有一种观点就认为，智人在演化的某个阶段出现的某种特殊能力（如自然语言出现），促进了数学能力的发展。

数学认知是认知科学的一个子领域，主要研究人以及一部分动物对于数、数学（针对人类）的认知过程及其神经基础。数学认知是高度跨学科的研究领域，相关的主要学科有认知心理学、发展心理学、认知神经科学以及认知语言学。数学认知研究的主要问题包括动物如何进行数量表征，婴儿如何习得并理解数字，人类如何联系语言符号和数量（magnitude），如何运用数字（number）的认知能力构成复杂的计算能力，人类对于数字的理解是如何扩展到更大更复杂的领域，数学结构如何在人脑中表征，等等。

基于表征计算主义的第一代认知科学理论认为，物质性的身体对于理解心灵和认知是次要的。而被称为第二代认知理论的具身认知则认为，包括脑在内的物质性身体在认知活动中有重要的因果性作用以及物质构成性作用。当前的具身数学认知研究可以分为两种：第一种是基于心理学和认知神经科学对数学认知能力进行经验性的研究；第二种是基于认知语言学中概念隐喻（concept metaphor）框架对数学思想本身的研究。经验性的研究主要通过行为观察、神经影像以及神经心理学等方法来研究人的基础数学能力以及数字操作能力，如数字识别和对比，简单的算术和代数等。例如，研究与"数数"这种简单认知活动相关的脑神经区域，与"手指活动"这类实践性活动相关的脑神经区域之间的联系。经验性的研究积累了大量关于数字处理能力的具身性证据，但是这类研究是分散的，研究对象是单个数学认知过程，目前还没有提出一个关于数学认知能力的统一理论。❶ 第二种具身数学认知主要是借助于认知语言学中概念隐喻方法来研究数学认知的具身特性。斯法德（Anna Sfard）首先用这种方法来解释我们如何依赖日常的物理性推理（physical inference）来理解数学概念❷，其后拉科夫（G. Lakoff）和努茨（R. E. Nunez）系统地研究了概念隐喻在我们把基本的数学能力扩展到复杂的数学概念系统中的作用，通过概念隐喻这个认知机制把物理性质的源域（source domain）与抽象的概念域联系起来。从机制上看，这种概念隐喻是无意识的认知机制，从抽象意义上说，这是一种保持推理结构（inference structure）不变的映射，因此，它可以让我们基于日常身体性的经验来创造和理解更加抽象的概念。运用这种方法，拉科夫与努茨给出了一个可以解释从初等数学能力到高阶数学思想的"统一"理论，但这一理论同时被批评缺乏经验证实。

❶ FIRAT S. Mathematical cognition as embodied simulation [J]. Proceedings of the annual conference of the cognitive science society, 2011, 33 (33)：1212 –1217.

❷ FARD A. Reification as the birth of metaphor [J]. For thelearning of mathematics, 1994, 14 (1)：44 –55.

6.3　基于认知语言学的具身数学认知

6.3.1　理论

认知语言学家拉科夫与心理学家努茨在《数学从哪里来——具身心智如何产生数学》一书及系列论文中认为，数学（至少是数字系统和算术）既不是认知科学家所认为的只是人类大脑的功能，也不是大多数的数学家所相信的外在于人的客观的抽象存在，而是人类两种认知机制交互作用的产物：其一是天生的简单算术能力；其二是运用一些源于日常生活实践的具身的认知机制，把我们日常活动的推理结构以及物理世界的空间逻辑结构映射到抽象的概念结构上的能力，即数学是具身的。❶ 他们基于当代认知科学对于数字认知的研究成果，运用认知语言学的概念框架，使用概念分析的方法，逐步展现人类是如何从先天能力和实践发展出复杂的数学体系。

他们认为数学是具身的，即数学既与我们的大脑与身体相关联并受其限制，也与我们的运动感知系统以及日常行为机制相关联，数学既不是纯粹大脑的产物，也不是在脑之外的存在，而是一种交互作用的产物。现代认知科学发现，我们日常的各种认知

---

❶　NUNEZ R. Numbers and arithmetic：Neither hardwired nor out there ［J］. Biological Theory, 2009, 4（1）：68－83.

活动，大部分是无意识的。例如在日常的对话中我们能很快得到结论，却没有察觉其中的推理过程。这些认知机制是深层次的，我们大都无法意识到并通过内省而通达。认知语言学研究了其中的一些机制，认为我们在日常思维中，特别是在运用抽象概念系统的思维中，隐喻的思维方式起到关键的作用。通过隐喻，我们可以用相对具体的概念（可能是非符号化的）来构造和刻画相对抽象的概念。拉科夫和努茨认为，数学概念作为一种抽象的概念，同日常的抽象概念一样，也是基于隐喻的，而具身数学的任务就是研究数学概念及其思想用到多少以及如何使用像隐喻这样的无意识的认知机制。他们认为与数学相关的认知机制主要有意象图式（image schema）、体图式（aspectual schemas）、概念隐喻和概念混合。这里先简单介绍和分析比较重要的意象图式与概念隐喻，以及人如何基于先天算术能力通过概念隐喻扩展到算术。

6.3.1.1　意象图式与概念隐喻

认知语言学研究发现，几乎所有的人类语言中，关于空间关系的概念都可以分解为一些普适的"概念原语"（conceptual primitives），它们是一种前语言的经验结构，既是知觉性的，又是概念性的，称为意象图式。尽管不同语言中关于空间关系的表达方法不同，但是构成它们的意象图式却几乎是通用的。以表述"在……之上"这个的空间关系为例，德语中的"在墙上"和"在桌子上"使用的是不同的方位词，而在英语和汉语中则用的是同一个词。但这些语言中表达空间关系的概念原语是基本相同的，以英语中表达"在……之上"的方位介词"on"为例，其可以分解为"上图式"（书放在桌子上），"接触图式"（书与桌子接触），"支撑图式"（书被桌子支撑）。虽然英语中的"on"无法被准确地对应到其他语言中的一个词，但是构成它的三个图式却可以在任何语言的方位词中找到，即这些"意向图式"是通用的，人类对于空间方位的表达有一种共同的基础。很多意象图式对于数学认知能力的构成都非常重要，例如，一个被称为"容器图式"的意象图式，在构成"内"和"外"这样的空间关系概念以及"集合"这个概念中起到中心作用。此图式有三个部分：容器内部、容器外部和容器界限，人可以直接感知到空间中有类似于这种空间内部、外部和界限的结构，基于这种感知，我们才会有"在……之内"和"在……之外"这些概念。意向图式表达的是空间的逻辑关系，比如我们在空间中看到有三个玻璃杯分别称为 A、B、C，如果 A 在 B 中，B 在 C 中，那么我们会直接得出 A 在 C 中，而不用进行推理。这就是意向图式这种认知机制的作用，它让我们直接把握到物体的空间结构，并内置了"空间逻辑"。更重要的是，意向图式又是概念性的，是组成语言概念的成分，所以它连接了语言和空间感知，把"空间逻辑结构"带到了用语言表达的抽象概念中。

认知语言学中的隐喻，不仅是一种语言修辞现象，更是一种思维方式，是把某一类事物的结构映射到另一类事物上的无意识的认知机制。比如我们常说"你的论证太跳跃"，在字面意义上，论证本身是一种认知活动，是不会"跳跃"的，只有动物才会"跳跃"。这句话的含义其实是说在这个论证过程中间省略了很多步骤，就类似我们通常"跳跃"一样，省略了走过去的过程。这样的说法就是一种隐喻的说法，用日常的身体"跳跃"的行为来刻画另一种行为。❶ 隐喻之所以重要，是因为它使抽象概念成为可能，即通过隐喻，我们可以用相对具体的、与人类日常生活实践相关的概念来构造和刻画相对抽象的概念。认知语言学详细研究了这类认知机制，发现日常语言和思维中有各种各样的隐喻，且都是被无意识地自动使用。而隐喻之所以有结构映射的能力，主要是因为类似意象图式这样的经验结构可以在概念隐喻的映射中被保持。这样通过意象图式得来的空间逻辑，就可以通过多重隐喻而仍保持推理结构，从而体现在抽象概念网络的结构中。

6.3.1.2　从先天数字能力到算术

拉科夫与努茨认为数学是具身的，因为像意象图式和概念隐喻这类底层的认知机制在数学认知中起关键作用，而它们又都与我们的感知运动系统及日常实践活动紧密联系。他们认为人类的数学认知能力是由天生的简单的数学认知能力，通过非数学的、源于日常生活实践的认知机制扩展而来的。首先是从天生的认知能力扩展到相对复杂的算术与代数，再把对数字的使用（算术与代数）扩展至其他数学领域（如几何），从而扩展了其自身。例如，对平面几何中"角"的数量化研究产生了三角几何，对"变化"的数量化的研究产生了微积分，对几何形式的数量化研究产生了解析几何等。而数学之所以这么抽象，则是概念隐喻等

---

❶　陈嘉映. 语言哲学［M］. 北京：北京大学出版社，2003：328–333.

机制多层次叠加的结果，这一过程在人类的数学发展史中历经了几个世纪。

这种基于认知语言学的具身数学认知进路所描述的数学形成的具体过程可归纳如下：

同很多其他动物一样，人天生就有简单算术能力，至少包含以下三点❶：

（1）感数（subitizing）的能力。感数的能力是指能迅速识别4以内的物体的数量。

（2）简单的算术能力（非语言）。即在感数的范围内（一般是小于或等于4）对于简单形式的加和减的判断。

（3）数量表征的能力（numerosity）。即对于一个集合中的物体的数量有前后一致的粗略的估计。

这些天生的认知能力只能在一定的数量范围内发挥作用，人类婴儿出生后所发展出来的"数数"的能力可以使这种能力扩展到4以外。但是上述两种认知能力还只是算术的开始，真正的算术操作需要隐喻的能力和概念混合的能力。通过隐喻的能力，可以用各种日常经验来概念化基数（cardinal）和进行算术操作。这些日常经验包括对物体进行分组的经验，对物体的部分—整体这种结构的经验，对于空间（时间）上距离的经验以及对于移动和位置的经验，等等，而这些均来自日常实践。在概念隐喻的作用下形成各种不同的概念系统之后，概念混合的能力可以在不同的概念系统之间形成联系和对应，把不同的概念隐喻结合在一

❶ LAKOFF G，NUNEZ R. Where Mathematics Comes From［M］. New York：Basic Books，2000：51.

起形成更复杂的隐喻。概念隐喻又可以分为两种，分别是基础隐喻（grounding metaphor）和连接隐喻（linking metaphor）。基础隐喻把日常实践经验映射到抽象概念，例如，把"使物体聚集成堆"这样的经验映射到"数量的加和"这样的抽象概念（非语言的概念）。连接隐喻则是把算术与数学的其他分支连接，例如，"数是直线上的点"这个隐喻，就是用空间术语概念化算术，从而连接几何和算术，这个连接隐喻把数字看成直线上的点从而形成了数轴的概念。

概念隐喻是一种可以保持推理结构的映射，其保持推理结构的一种主要方法是通过在映射中保持"意象图式"的结构。例如，我们要形成"物体的聚合"这个抽象概念，需要用到前文提到的"容器图式"，把物体的空间结构概念化为一个"容器"，即有内部、外部和边界的空间区域（无论是物理的还是想象的）。当我们用"物体的聚合"来概念化"数字"的时候，我们就把所感知到的空间中"物体的聚合"的逻辑结构投射到数字系统上。

根据拉科夫与努茨的理论，从天生的简单的算术能力到初等算术需要四种基本的隐喻能力：

（1）算术是物体的聚合。

（2）算术是物体的建构。

（3）作为测量尺的算术。

（4）算术是沿某一路径的运动。

以第一个隐喻"算术是物体的聚合"为例，这个隐喻是一个从物理对象的域到数字域的精确的映射，又由以下三部分组成：

（1）作为源域的物体的聚合（基于我们通常对物体分组的经验）。

（2）作为目标域的算术（由"感数"以及"数数"等能力非隐喻构建）。

（3）跨域映射（基于我们可以在各种物体的聚合中进行"感数"和"数数"的能力）。

具体的映射结构可见表 6 - 1：

表 6 - 1　跨域映射

源域：物体的聚合	目标域：算术
相同数量物体的聚合	数字
聚合体的大小	数字的大小
聚合体更大	数字更大
聚合体更小	数字更小
最小的聚合体	数字单位
把聚合体再聚合	加
从一个大的聚合体中拿出一个小的聚合体	减

资料来源：LAKOFF G, NUNEZ R. Where mathematics comes from ［M］. New York：Basic Books, 2000：55。

这个隐喻把我们日常经验中基于感知运动系统的推理结构，以及被我们感知到的物质空间的逻辑结构，映射到基于我们天生的数学能力所构建的算术化的概念域上。从这个概念隐喻的源域——物体的聚合，到目标域——算术，是一种精确的结构映射。这种映射可以发展出很多推论，产生各种数学定理和"真理"。例如，假设有两个聚合体 A 和 B，A 大于 B，如果把聚合体

C 分别加到 A 和 B 上，那么，我们通过经验就可得出 A 与 B 的聚合大于 B 与 C 的聚合，这样的结构映射到数字上，就产生了我们一般所谓的算术定律 $A+B$ 大于 $A+C$。算术中的大多数的定律都是这个隐喻的推论。

通过第一个隐喻我们得到了自然数的算术，接着通过第二个隐喻即算术是物体的建构，我们可以扩展出分数的概念，通过第三个测量尺隐喻可以把数域扩展到无理数，而第四个隐喻则帮助我们扩展到复数。此外，这种基于认知语言学的具身数学理论中还有单独的构造性隐喻，用来构造像"零"以及"无穷"这样的概念。该理论的思想框架可以简单归为图 6 - 1（只包含从算术到解析几何部分）：

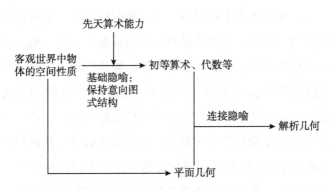

图 6 - 1　具身数学认知理论框架

拉科夫与努茨的具身数学认知理论就是这样一步步用概念隐喻和概念混合等认知机制，从初等算术开始构建整个数学。当然这种理论也受到很多数学家批评，认为他们把隐喻的作用扩展得太广，虽然在初等算术的构建上引入认知语言学的方法是一种很好的尝试，但是不能继续扩展到整个数学体系。还有一种批评观点认为这种方法根本就是错误的，假造了很多不存在的数学概念，例如在阐释无穷概念的时候，就构造了一种叫作最初无穷小（the first infinitesimal）的概念。❶

6.3.2　具身数学认知的哲学观——自然主义的反实在论

基于具身的数学认知理论，拉科夫与努茨发展了一种具身的数学哲学观，认为数学是依赖于具身的心智而存在的，大部分数学概念本质上是隐喻性质的。他们认为，从具身数学的角度可以解释数学的基本性质：稳定、精确、可符号化、跨文化通用、可计算、内部一致性以及可应用到真实世界等。他们既不赞同持数学实在论的柏拉图主义的观点，也不赞同持数学反实在论的建构主义的观点。他们认为无法从科学上验证是否有客观的、存在于外部世界的数学对象和数学真理，所以被他们称为"数学的罗曼史"的柏拉图主义的数学哲学观点并不成立。他们同时认为建构主义错误在于，数学并不是纯主观、任意建构的，也不仅仅是由社会以及历史文化的作用构建的（虽然历史以及文化的作用很重要），因为这两者都没法说明包含精确性和可应用性在内的数学的种种特性。具身数学认为数学的对象就是具身性概念本身，这些概念本身是一种思想（ideas），是一种不但基于人类经验，而且还被人类特有的概念化的认知机制结合在一起的思想。他们认为数学真理同其他真理一样，并没有特殊性。一个数学陈述是否

---

❶　VOORHEES B. Embodied mathematics [J]. Journal of Consciousness Studies, 2004, 11: 83-88.

为真，在于我们理解该陈述的方式（具身的方式）是否契合我们理解被该陈述所描述的事物的方式（也是具身的方式）。❶

所有的数学哲学理论都要回答两个重要的本体论问题，即抽象的数学对象是否存在以及其是否独立于我们的思想。虽然具身的数学哲学理论没有直接回答第一个问题，但是通过分析可以看出，该理论认为并不存在数学哲学意义上的抽象的数学对象。数学哲学意义上的抽象对象指的是那些不具有时间、空间特性，不存在于宇宙时空中的对象。而具身的数学哲学虽然认为数学对象是"抽象"的概念，但因为该理论把数学概念本身也看作是物质性的人的认知活动中的一个环节，有其物理对应物，所以该理论否认那种没有时空特性的抽象的数学对象。同时该理论认为，数学对象并不独立于人的思想，而是根植于人的具身心智之中的。由此可见，该理论是一种数学反实在论，但不同于那些断言数学对象完全不存在的、被称为唯名论的反实在论，该理论承认数学对象在某种意义上存在，是一种自然主义的反实在论观点。

这种基于具身数学认知的数学哲学观点受到了来自数学家以及哲学家多方面的批评，主要集中在以下两点：

（1）人类的数学基于人类的认知能力不代表这些认知能力不会让我们认识到超越的数学真理。❷

---

❶ LAKOFF G, NUNEZ R. Where Mathematics Comes From ［M］. New York：Basic Books, 2000：364.

❷ LAKOFF G, NUNEZ R. Where Mathematics Comes From ［M］. New York：Basic Books, 2000：86.

（2）对于数学认知的研究只能告诉我们如何做数学而不是数学是什么。[1]

上述两点批评主要集中在方法论分别与认识论和本体论的关系层面，认为就算通过经验的研究，发现数学认知过程的一些事实与规律，也无法肯定地得出关于数学本体论上的一些结论，如"数学对象不是超越人的存在""数学不是永恒的真理"等结论。更别说具身的数学理论只是一个认知科学的假说，其直接的经验证据还不多。但这些批评的不足之处在于，并没有看到具身的数学哲学对于数学实在论与反实在论的困难的回答。数学实在论的难点在于无法很好地回答我们是如何认识到那些不存在于时空的抽象数学对象，即可认识性问题。数学反实在论的难点在于无法很好地回答数学的可应用性问题。而作为一种自然主义的反实在论，具身数学的观点可以更好地解释各种数学哲学理论的难点。笔者认为，具身的数学哲学的真正困难在于，在自然主义的框架下，如何看待数学认知的局限问题，或者说是我们在何种意义上能获得数学真理的问题，即作为一种数学反实在论不是去解释数学的可应用性这个事实，而是去探索这个可应用性的限度。

6.3.3 数学作为同构的认知过程及其问题

通过前面的介绍和分析可以看出，基于认知语言学的具身数

---

[1] FIRAT S. Mathematical cognition as embodied simulation [J]. Proceedings of the annual conference of the cognitive science society, 2011, 33 (33): 1212 – 1217.

学认知把数、函数这样的数学对象，以及复杂的数学思想，看作一种认知的过程和产物，而不是一种抽象的实体。例如，用符号表示的自然数本身，并不是一种抽象的东西，而是一种概念化的认知过程，这种认知过程把物质空间中同样数量或者大小的物体聚合概念化为同样的"数"。再比如，数学中一些被当作实无穷的数学对象如无穷远的点、无穷小数、无穷集合、无穷数列等，也被同样认为是基于隐喻的，认为它们本身是没有终点的过程，只不过通过隐喻的作用给没有完成的过程一个"完成"的状态。❶ 该理论认为，各种实无穷概念其实是一种被称为"基础无穷隐喻"的认知机制应用到各种潜无穷过程的结果。由此，复杂的数学思想和概念就可以看作复杂的认知过程。例如，根据具身数学对欧拉公式的解读，欧拉公式"$e^{yi} = \cos y + i\sin y$"等号两边的函数被看作进行了同样操作的认知过程，即等号两边的函数都有以下性质：

（1）把"和"映射到"乘积"。

（2）以相对于其自身大小同样的比率变化。

（3）都有周期性且自规整。

虽然欧拉公式等号两边的函数被不同的概念所描述，但是从认知过程的角度看其"意义"却相同，所以可以划等号。❷ 但同时，作为认知过程的数学对象和思想并不是随意的，而是与物质

---

❶ LAKOFF G, NUNEZ R. Where Mathematics Comes From [M]. New York：Basic Books，2000：155.

❷ LAKOFF G, NUNEZ R. Where Mathematics Comes From [M]. New York：Basic Books，2000：446.

世界的某些过程或者性质同构。意向图式、概念隐喻以及概念混合等认知机制使同构映射得以可能，这就很好地解释了数学的各种特性，如精确性、稳定性以及可应用性等。

通过上面的分析可以看出，具身数学认知的哲学前提是自然化的认识论，以及物理主义的本体论。根据这种观点，物理世界遵循其自身规律演化，最终演化出为了适应生存且进化出认知功能的人类，人类在进一步的发展中，用这些认知能力把物理世界中某些物质客体的性质（主要是空间拓扑结构）精确地映射到由其创造的抽象概念系统中，并用这种概念系统来把握世界。这些抽象的概念系统本身也是物质性的，也有其物理对应物（如人脑中的某些神经元及其活动的过程和模式）。根据这种看法，数学认知过程（无论是人类个体的还是整个人类的）都可以看作一种同构的过程，而数学本身就可以被看作一种同构关系，即物质世界的某些性质与同样属于物质世界的人及其群体的某些性质之间的一种精确的同构关系，这种关系最终还是由物质性的世界所决定。所以可以说数学是独立于人的，又是属于人的。这种具身数学认知所默认的哲学观是一种自然主义的数学反实在论，其难点不在于解释数学的可应用性，而在于探索可应用性的限度问题。即：如果数学是物质世界内部某些子系统之间的一种同构关系，那么这种关系是否适用于物质世界中所有子系统？我们通常认为的数学真理究竟是什么意义上的真理？对于目前自然科学所能探索到的物质世界各层次各尺度，数学都能够有很好的应用，但能否顺利地运用到更多的未知领域？这些问题都是具身数学认

知所需要进一步探索的。❶

基于认知语言学的具身数学认知基本方向是正确的，本书的目的是在理解科学理论和科学发现的基础上考察人工智能的作用，下面用自由落体定律的负数解作为案例来展示如何用具身数学认知解释科学理论及数学在其中的应用。

6.4 应用——自由落体定律的负数解

再回到数学可应用性的问题，本章第 1 节提到的传统结构映射理论的困难在于其只讲述了故事的一半，只有了解数学与世界之间的映射关系是什么以及如何生成的，而不仅仅是描述形成的是什么样的映射，才能很好地解释数学的可应用性问题。我们现在尝试运用具身数学认知，通过说明被应用的数学结构与其应用领域的研究对象的结构（一般是自然科学所要研究的物理世界的结构）之间为何会存在映射或者结构相似性，来解释数学可应用性问题。其实，具身数学认知理论也是一种"映射"理论，不同的是，它会利用认知语言学关于概念隐喻等认知机制的研究，具体地阐述什么样的身体性的经验结构被映射到初级的数学域上，从而扩展了数域及其结构并发展出复杂的数学。这个理论给

---

❶ 从整体理论的结构上看，基于认知语言学的具身数学认知理论与范畴论有非常类似的特性。前者强调结构映射，而后者正是关于对象与映射（箭头）的理论。范畴论展现出对数学不同分支之间关系的刻画，而具身数学认知理论讲的是人类的数学体系是如何构造的。具身数学认知可以考虑用范畴论作为一种形式化的工具。

出了数学结构与"外部世界"结构相似性的一种认知的解释：数学的结构本身来自我们所感知和体验到的外部世界的结构，所以可以很好地解释数学的可应用性问题。下面我们通过一个关于自由落体的案例研究来具体说明如何用具身的数学认知理论解释映射理论无法解释的问题，我们把拉科夫与努茨的理论简称为L&N 理论。

自由落体定律大约在 16 世纪末 17 世纪初被伽利略发现，其对于近代物理中的动力学和运动学都有非常重要的意义。自由落体定律可以用一个二次方程表示：$h = \frac{1}{2}gt^2$，其中，h 表示自由落体的高度，g 是重力加速度常数，t 表示下落时间。当我们测得高度 h，想要求下落时间 t 的时候，我们得到 t 和 $-t$ 两个解。我们通常在两种不同的意义上使用自由落体方程：自由落体方程可以是一个经验方程（笔者称之为伽利略意义上的使用），也可以是运动学的一个演绎方程（笔者称之为牛顿意义上的使用），即可以通过牛顿运动学方程推导出来。但我们无论在哪种意义上使用，最终都会舍去负数解，并给出同样的理由：时间是单向的无法倒流，所以负数解没有意义。但实际上如果从数学认知的角度分析，它们各自有不同的更深层次的原因。整个问题可以被分为两个小问题：第一，为何二次方程会有两个解；第二，为何在应用到自由落体中时要舍去一个。

6.4.1 为何二次方程会有两个解

映射理论本身无法给出二次方程有两个解的原因。而对于数学本身来说，这是一个定义问题：我们规定一个正数有正负两个平方根，所以二次方程有两个解。从认知的角度就是要解释我们为什么要如此定义，即为何规定负数乘以负数为正数。根据 L&N 理论，基础的算术结构来自 4 个最基本的概念隐喻，这 4 个概念隐喻（认知机制）让我们基于基础的身体性经验来理解数。如向容器中放入物体以及从容器中拿走物体这些日常的经验让我们得以理解"数"的加减法。同样，沿着一条路径朝一个方向走几步，再朝反方向走几步这种身体性的经验也让我们得以理解"数"的加减法。L&N 理论认为，我们是基于"算术是沿着路径的运动"这个隐喻来得到和理解"负负得正"这个算术结构的。即负数乘法的结构来自物体在空间中沿着二维路径运动的结构。当我们沿着一条路径移动，并确定一个起点后，起点则可以看作零点，两边的路径上的位点则分别看作正数和负数（数轴的概念也来源于我们在空间中移动的身体性经验）。一个数 A 乘以一个正数 n，可以看作沿着一个方向走 A 的距离 n 次❶，但是乘以 $-n$ 本身是没有直观的意义的，即没有直接具体的日常经验可以让我们理解一个数乘以一个负数的意义。但出于数域闭合的需要——两个数相乘的结果必定也是一个数——以及正数与负数之间的对称关系，同时出于满足各种算术定律的需要，我们只能把乘以 $-n$ 理解为先乘以 n，再以路径原点为中心进行反转。即乘以 -1 就是以路径原点为中心进行反转。由此可见，根据 L&N 理论，我们之所以定义负数乘以负数为正数，是基于大多数人所共

---

❶ 这里省略关于"数"本身除了作为基数，还可作为序数的概念隐喻内容。

有的沿着路径移动的经验即物体在二维空间移动的经验。包括负数相乘在内的算术结构"来自"我们所能感知和体验到的物体在空间运动的结构，或者说是某种"空间结构"。

6.4.2 为何在应用到自由落体中时要舍去负数解

近代科学的两个重要的特征是实验和数学。在科学研究中，我们量化实验对象，并找出它们之间的数量关系。在物理学中，空间（位移）和时间是最基础的变量，很多其他的物理量如加速度和速度，都是由时间和空间来定义的。把算术结构运用到对位移的描述中是很自然的事情，因为上一小节论述过，算术结构"来自"我们所体验到的物体在空间运动的结构。同时也可以把算术结构用到对时间的描述上。因为我们拥有一种通过空间结构来思考时间的认知机制——隐喻"时间事件是一维空间单向事件"。即我们可以用空间概念来隐喻地描述时间。❶ 这个隐喻可以把单向一维空间的结构精确地映射到时间的结构上，所以我们也可以把算术结构应用到关于时间的度量和计算中。

在把自由落体方程看作经验性定律的情况中，只需要用到正数。我们通过实际地测量自由落体下落的时间和位移，并找出这两者之间的数量关系，经验性地得到自由落体公式 $h = At^2$ （其中 A 是常量参数）。构建方程时只用到正数❷，负数不被用来代表物

---

❶ 有认知神经科学的研究表明，我们关于时间的知觉是与关于空间的知觉相联系的。

❷ 实际上伽利略本人就不认为负数属于"数"的范畴。

理量。我们在用算术结构来刻画空间和时间的时候，就没有给予负数对应的物理意义。当然，我们可以把与正位移相反方向的位移定义为负位移。我们同样可以把过去的时间定义为负时间。但是在这种情况下，我们一开始就没有用到负数这部分，我们舍去负数解是因为在这种情况下我们不需要负数来代表什么。方程有负数解是出于数学方程本身的原因，而我们不需要那部分。所以在伽利略的意义上使用自由落体方程，舍去负数解是因为在解方程之前就不需要负数来刻画时空，而不是负时间没有意义。

在把自由落体方程看作运动学的一个演绎方程的情况下，要用到整个实数域。在运动学中，数被用来量化运动的位移和时间，物体运动都可以用位移和时间之间的关系来刻画。运动学中可以任意定义位移和时间的原点：一般定义时间原点之后的时间为正时间，而之前的时间为负时间。加速度和速度分别被定义为 $v = \dfrac{\mathrm{d}s}{\mathrm{d}t}$、$a = \dfrac{\mathrm{d}v}{\mathrm{d}t}$，所以定义位移 $s = \int v(t)\,t$。如果设加速度为常量，则可推导出匀加速运动方程：$s = \dfrac{1}{2}at^2$。如果把速度为零的时间点定义为位移和时间的原点，则这个方程描述了一个匀变速运动——当向原点移动的时候绝对速度匀速减小，离开原点后绝对速度又匀速增加。由此，自由落体运动可以看作这个匀变速运动的后半程。而方程解出的前半程的负时间在自由落体的情况中要被舍去，则是因为前半程的运动未发生。在真实的世界中，在选定运动的原点之后，我们可以朝不同的方向移动，所以负数的位移总是有意义的，算术结构总是"适合"空间描述的。但是我们无法去到时间原点的那一边，即算术结构并不总是"适合"

真实的时间。算术结构中"负负得正"的结构本身就来自我们所感知和体验到的某种真实的空间结构，所以可以很好地与真实空间结构相容，但并不总是能与真实的时间结构相容。我们能够把算术运用到时间是因为概念隐喻"时间事件是一维单向空间事件"使我们可以把来自空间结构的数学结构用在对时间的描述上。人类可以描述过去的时间，但是无法"达到"过去的时间，所以在上述例子中，时间是一种"可能"的时间。所以在牛顿的意义上，即把自由落体方程看作牛顿运动学的一个演绎方程时，舍去负数时间解的原因是：负数解代表了一种可能的运动，但是在自由落体运动中，这种可能的运动不会发生。如果不是自由落体而是竖直向上抛一个物体，并定义速度为零时为原点，那么两个解都会有物理意义。

通过以上的分析我们看到，利用 L&N 理论从认知的角度去解释为什么自由落体方程会存在没有物理对应物的数学解，可以得到一个比"负数时间没有意义"更具体、更有说服力的答案：应用于自由落体方程的算术结构来自我们所能感知到的某些真实的"空间结构"，而不是"时间结构"。当把含有这种结构的数学再运用到同时包含空间和时间参数的自然科学理论中时，这种数学自然无法被"准确"地应用，而会出现没有物理对应物的数学解的现象。所以可以说，很多情况下数学并不能被"准确"地应用于日常活动和自然科学，从认知的角度看，其原因是：基础的算术的结构（将会被我们的认知能力扩展为更复杂的数学概念体系）来自我们的"部分"的经验结构（关于空间的经验结构），而当我们把带有这种结构的数学扩展后再用回到经验当中的时候，它肯定无法"准确"地适合全部的经验域（关于空间和时间经验结构）。

通过对自由落体案例的分析，我们看到基于 L&N 理论从数学认知的角度可以很好地解释数学可应用性问题中的一些现象。自由落体只是一个很简单的例子，但可以展现出认知进路解释数学可应用性问题的可行性。需要指出的是，L&N 理论虽然依据一定的实证研究结果而建立，其所主要基于的认知语言学理论也有大量的实证研究支持，但该理论本身仍旧有很多猜测的部分（如扩展先天数学的 4 个概念隐喻），所以 L&N 理论需要通过更多的实证研究去证实其所假设的隐喻机制。尽管如此，我们认为这种从认知角度去揭示数学结构并解释其应用在科学中的方法的大方向是对的，可能某个预设是错误的，可能某个隐喻并不是明确存在的，但是"数学的结构和对初等结构的扩展方式来自人的身体性行为，来自人与世界交互中所获取的结构，并把这种结构在人类的认知结构中发展"这个整体框架是对的。

第 7 章　机器学习与科学发现过程

7.1　科学实践过程的同构[①]

基于认知语言学的具身数学认知框架是一个野心宏大的理论，其基于一些经验科学的事实如人类和一些动物都具有的初级算数能力，并通过认知语言学尤其是"隐喻"这种对人类认知中跨领域映射和同构的定性描述，定量地去解释数学概念的扩展，建立数学大厦。但是实际上这个理论的后半部分有很大程度的猜测，也就是用已知结果来猜测形成过程，例如其关于无穷的理论，认为存在一种关于无穷的隐喻，但并没有实证的线索。虽然大部分内容是猜测，但笔者认为总体方向是对的，即通过数学结构和行为结构之间的关系来看待数学体系，或者说数学的结构

---

① 这种同构的过程可以看作另外一个版本的"理性重建"，但这个理性的重建不是基于已有的科学知识"往回看"的理性重建，而是从科学理论的建构过程中，剥除其表象直接抽出骨架和干货的"认知重建"。这个过程重新从认知的角度给予科学理论以意义，而这种意义理论上是可以形式化地进行刻画，从而也有了可以在机器上运行的理论可能性。

就是来自我们可能的行为的结构，这就让我们能够基于这个理论的方向继续探讨科学实践与数学结构的关系，因为科学实践毕竟是人的活动的一个子集。

从认知活动的角度看，人类科学家从周围环境中获得观察和实验的经验材料，并尝试用各种方法从这些经验材料中得到关于世界的图像和理论。这些方法包括归纳、启发、演绎推理、溯因推理等，获得经验材料过程本身也与之前的理论以及理论中没有明文包含的背景预设相关。这个大致的科学活动的图景如果从更加细节的认知角度去查看，就能够看到在科学活动和"理论"之间的关系。依据逻辑，我们首先从对事物的量的观测开始，我们的认知能力能够区分时空中事物的量，❶ 无论是基数还是序数，在我们的认知体系中有对这种"量"的一种表征。这里所谓的"表征"是在更广泛意义上的使用，而不限于认知科学"表征计算"范式意义上的那种静态的表征，还可以包含一种动态的甚至是具身的表征（如大脑神经系统中某种动态的连接模式）。这种表征与人的身体的行为具有某种关联从而带来同构，例如，对数量"5"的表征，与连续敲击 5 次键盘这个行为同构，同样也与理解了"5"这个概念的人的大脑（神经系统）活动的

---

❶　认知上人类是如何"体验"和认识到时空的依然是认知科学中待探究的领域，我们已经有一些研究成果如关于空间方位和导航的神经机制等，但总体的图景目前还未构建出来。同时涉及人类最基础认知能力的研究有一个"循环"问题，即我们在研究这些认知能力的时候，恰恰默认和使用了这种认知能力。

某个部分同构。❶ 在有了对于各种"量"的表征之后，就可以对不同种类的量进行联系和比较，例如，伽利略用自己心跳的次数，与小球沿斜面滚动的距离这两个量进行比较。❷ 量与量之间的关系，如大小关系、倍数关系、幂关系以及量与量之间的函数映射等都可以在前面章节介绍的具身认知框架下得到说明。而这种人脑中的或者严格地说人包含大脑（神经系统）在内的身体中❸的表征的外在符号化（如我们的语言文字系统），则类似于对这种动态表征的一种静态的二阶表征。这种二阶表征可以在不严谨的隐喻意义上类比于静态的计算机"程序"，而要执行这个程序则需要人类大脑的"读取"。

所以用语言符号体系所表征的"科学知识"实际上是一种高级的二阶表征，其本身并没有独立的意义，而要放到能够读取这种二阶表征的"设备"或者语境中才具有一阶的意义，而存在于人脑中的一阶表征的"意义"要结合人的科学实践活动，也就是人的物质性身体在物质性世界中的活动，才能看到科学理论的作用。当然这种类比仅仅是在某种粗略的意义上的，一个受过科学教育的人看到一行公式之后的脑活动这一过

---

❶ 一些认知的观点认为，不能把人的脑活动与人的身体行为的活动区分开来，这两者是一种连续的且相互影响的体系。但这些观点其实说的是大脑不能单独作为一个表征计算体系，或者仅仅研究大脑的表征计算不足够说明人的认知行为，而并不是大脑没有表征计算。本书的一个核心预设和观点是，传统上认为的脑中的"表征计算"可以看作一种"世界模型"，其当然与人类的具身活动相关甚至部分地被具身活动塑造，但不影响这种"世界模型"本身的独立性。

❷ 至于人的认知系统是如何识别、判断记忆时空中物体的"量"的细节我们现在并不知道，但可以假定其确实存在并为所有人所共有，同时也并不是一种"神秘"的能力，而是可以随着将来认知神经科学的发展发现其机制。

❸ 或许有延展认知的观点不认同大脑单独作为身体的表征。

程，肯定不能直接类比甚至等同于计算机硬件去执行软件（侯世达在其著名的《哥德尔、埃舍尔、巴赫——一条永恒金带》中有过这样的关于人类意识的类比），这里主要是去描述一种过程或者说流程的同构，在更加底层也就是当我们考察这些人类身体活动和脑活动所基于的"信息"本质时，才能够把这两类过程放入同一个框架。

　　由此扩展出去，所有的科学理论和科学知识，无论最初是从经验材料中总结出来的，还是通过某种猜想或者启发等方式以科学假说的形式提出后再被经验证实，都能够从认知的角度与人的科学活动联系在一起。需要注意的是，这里所说的理论与科学活动的联系，不同于逻辑实证主义所说的理论与经验的连接。在逻辑实证主义看来是"经验"的东西，在这里是比人类认知"活动"更加高一个层级的存在，是被部分的人类认知活动赋予"意义"的高层认知。逻辑实证主义那种力图把科学理论还原为逻辑和经验的努力中的那种合理成分，在这里通过人类实践活动的"结构"相互联系。人的真实的认知活动和实践，而不是那种抽象的"实践"，是我们已知的存在的东西，而"理论"本身并不在本体的意义上存在。或者严谨一点说，我们可以不关心其本体论意义上的存在，而只从认识论角度、从认知的观点看"理论"。从人类认知的角度看"理论"，静态的理论可以看作是一种符号中介，一种作为动态的人类活动的中介。正如维特根斯坦所说的语词的意义在于使用，实际上不仅其意义在于使用，其存在本身也在于使用，而这种使用不仅是在把语词用于言说这个意义上，在作为主体的人看到想到语词的时候，就已经使用并有了意义，而同样的模式也适用于科学理论（也是某种语言❶）。一个科学理论❷，其意义只有在我们使用理论去解释或者预测现象的时候才能体现（不仅是实际的解释或预测，也包括理论上的解释和预测），这种体现要通过对现象的观测和对观测结果的处理，而近代科学大部分都是定量的处理，那么理论的意义就体现在这些可以量化的人类行为之中。

拿上一节作为案例来阐述具身数学认知解释数学可应用性的自由落体定律的公式 $h = \frac{1}{2}gt^2$ 来说，当我们使用这个公式或者要去理解这个公式的时候，首先要对研究对象进行测量，例如，对自由下落的小球落下的高度 h，对下落的时间 t 进行测量（就像伽利略做的一样，用心跳测量小球从斜面滚落的时间）。测量过程作为一种认知行为，要求我们首先具有量化空间和时间的能力（或者说赋予时间和空间这两个概念以意义，基于行为的意义），而量化空间和时间所使用的简单的数学能力源自人类的某种认知能力，这种进化来的部分与其他动物共享的能力形成一种同构的"中介"，把人类感知或者获取到的"外部"变量之间的关系同构到我们的语言符号或者数学符号体系中。所以一个类似自由落体定律的经验定律，无论是用自然语言描述的还是用数学公式表达的，是一个在不同的人类活动中建立起连接的中介，每一个符号的意义在于看到符号的人如何去"行动"（广义的行动，指的

❶ 不同于自然语言，科学语言有其形式的特征，可以看作自然语言的一个子集，所以相对来说更"容易"从认知上说清楚。
❷ 事实上，我们很难找出一个科学理论是与不同的学科理论相互连接的、有层次同时有背景预设的。

是包括人脑在内的所有的活动），而人的行动的集合中的某个子集构成了我们的"科学行动"。我们经常讲科学无国界，两个不同国家（或者文明）的艺术家可能不完全有共同语言，而数学家和物理学家则可以无障碍交流，原因部分在于数学和物理学理论和知识中涉及的"意义"可以直接还原或者联系到所有人类有共同的包括时空测量在内的最基础层次的认知行为，而不同的文化中，这类最基础层次的认知是一样的，这是人类自然演化而来的所有现代智人后代所共有的。

　　除了经验定律，另外一种最初作为科学假说出现的科学理论，也就是构造性理论，其"意义"的来源与其起作用的方式本质上与经验定律一样，不同的是其中的"概念"和"变量"适用的范围更广从而更加抽象，需要一种被称为"桥接原理"的方式连接到我们的具体活动。当然最初由逻辑实证主义提出的桥接原理有很多争议和反驳，这是基于逻辑实证主义从辩护的角度把理论还原为逻辑和经验去看的。一个科学家，是如何在"理解"科学理论的基础上，把他理解过后的理论与他的科学实践行为联系在一起的，从认知的角度看这是一个自然过程，是一定可以从理论"还原"到认知行为的（否则就无法行为），因为它就这样自然地发生了。当然用"还原"一词可能并不很确切，用"同构"一词也过于概括。相对准确的说法是，从构造性理论到人类的科学活动仅仅是从科学活动到科学活动的中间一环，由人类的认知能力和符号能力构建的表征系统加上可以"运行"这些表征的人类认知能力一起构建了人类的科学实践活动，而其中的骨架，或者说串起这些科学活动的"绳"就是存在于各种符号系统中、人类的具身活动中以及人的脑活动中的那种可以由数学显性表示的那个动态的结构，而这些又主要来自和建基于可以简单表征出来的基本的数学结构与具身活动。

上述谈论的是一个基于数学认知和科学实践角度的科学活动的总体框架，一个人类不同活动之间关系的框架，但是并没有描述人类科学实践的具体细节，也不默认人类活动的连续性。这就好像我们说一个人的基因组和一个人的连接组（神经系统中的连接状态）刻画了这个人的大部分特征，这个人的个体行为都能够"还原"到基因组和连接组，但是具体个体基因如何通过氨基酸序列控制蛋白质折叠从而"决定"或者影响这个人的行为，同时这个人的神经系统的连接及其实时的变化是如何因果地联系到其行为，都属于具体细节，不同的人有不同的模式，也共享着某些共同的规律。

上述这个构造性框架是一种事后的角度，虽然可以抽象出前文所描述的一幅真实科学实践过程与数学认知同构的场景，但仍然是一种"描述"，是对其特性的一种描述。而我们最终想要的是一种动力学机制，一种从经验到逻辑再到经验的逻辑机制。其中的前半段（逻辑上）就是在这种描述下从科学活动到科学知识的一种机制性的刻画，而这种机制就是科学哲学中经常谈论的"发现的逻辑"。

7.2　机器学习与发现的逻辑

基于数学认知与科学实践的观点，理论上机器可以刻画人类的科学实践活动，至少能够刻画其中的逻辑骨架。但正如我们可以人工合成蛋白质但是目前还无法人工复原生命的起源与演化一样，理论上的可以刻画与实际上能够刻画还相差很远。我们先来看看关于科学发现逻辑的一些观点，然后从机器学习过程与科学发现过程的同构角度分析一下模拟科学发现逻辑的可能性。

对于科学发现的逻辑，无论是在将之排除在科学的哲学研究之外认为属于心理学范畴的 20 世纪初期，还是将之与科学实践一起纳入科学哲学视野的 20 世纪末，无论是纯粹的基于溯因推理的理论研究，还是类似赫伯特·西蒙那样早期的计算机建模研究，都有广泛而深入的探索。而另一方面，科学发现至少从表面上看，其逻辑（如果有的话）也在历史上发生过重要的变化。在人类科学发现的历史上，既有那些具有很强经验线索的发现如狭义相对论，也有自广义相对论之后的很多具有某些数学和逻辑特征线索的发现，如理论物理中建立在"对称与守恒"考量之上的众多理论发现。[1] 符号公式的理论空间（也就是基于基本运算的各种排列组合）理论上是无穷的，从符号中间根据某些线索找到符合已知观察和实验的表达式的问题是一个 NP 难问题。但是科学家提出的假说并不是某种完全的猜测，很多时候是基于已有的理论和实验的一种"合理"的猜测。有人认为这种猜测混合了人的自然语言和更广阔的除了科学知识之外的更多的人类实践，而这些科学知识之外的东西无法被形式化从而没有"逻

---

[1]　例如狄拉克对于正电子的推导及其实验验证。

辑"。但也有研究者认为实际上是有迹可循的，没有"逻辑"的发现就是一个奇迹。❶

笔者赞同有路径可循的观点，且进一步认为科学发现是可以形式化的。所谓的无法形式化是没有办法基于已知的理论形式化或者说形式化的层级还不够基础，而当我们从实际认知行为的角度去看待数学及其在科学中的应用的时候，至少科学活动中的那部分去获得可以用数学语言表征的科学知识的重要认知过程是可以被形式化的。这里可能会对"形式化"这个概念有不同的理解，笔者应该在更加宽泛的意义上，也就是我们能否基于数理模型去刻画对象这个意义上去理解"形式化"，而不是在那种严格的可以区分语义和语法的意义上。机器学习（主要是多层神经网络）既然可以看作万能的函数模拟器，那么理论上就可以用来复现这种基于认知的形式化过程。我们不知道外部世界和人的所有行为最终能否通过数理模型和数据来刻画或者其本质是否是信息的，但是笔者认为至少科学实践行为中的有效行为是可以形式化复现的，其根基就在于计算设备与科学研究都共享了一个更加底层的数学认知，从而这两者理论上是可以互相通达的。所以笔者的论证并不是那种静态的、基于"科学知识"结构本身与可计算之间的关系的论证，而是从科学知识作为一种可以从更加基础层次上被形式化的人类活动的角度，论证其本质❷也是一种"机器行为"。

---

❶ JANTZEN B C. Discovery without a 'logic' would be a miracle [J]. Synthese, 2016, 193（10）：3209－3238.

❷ 当一个人谈及"本质"这种词的时候往往是偏颇的。

　　机器学习过程，也就是基于数据构建可以解释和预测数据的模型的过程，可以与人类广义的科学发现过程进行简单的类比，两者都可以看作从经验出发，利用正负反馈等一系列的方法找到那个可以解释和预测经验的模型或者理论❶。机器学习与科学哲学之间也有很多共同处，例如，机器学习中对模型的选择与科学哲学中对科学假说的选择之间就存在相似的地方。❷

　　从更加基础的角度看，机器学习可以看作一个函数映射的黑箱，一种"转换机器"，而人类的科学发现活动也可以看作一个黑箱，一个从经验到经验的黑箱。但是会有很多人质疑，人类的经验是包含语义的，而机器的数据则是人类从经验中抽取和量化的，两者不在一个层次上，这就需要借助前文从数学认知角度看待科学实践这个视角来分析。从数学认知的角度看，人类的科学发现过程，是一个从经验中获取各种变量及其之间关系，再通过各种方式获得不同表征形式的模型和理论，并进一步获取更多经验数据这么一个不断交叠往复的过程。这个过程如果对应到机器学习则类似于强化学习，当然后者与通用的神经网络学习过程也是等价的。在科学发现总过程中，无论是人对经验的表征，还是

---

　　❶　从认识论的角度看（科学发现的逻辑本身就是一种认识论的视角），对于人来说的经验材料，以及对于机器来说的数据是"学习"的逻辑上的起点。我们不讨论人的认知能力是如何而来（当然这对于进一步研究科学发现是重要的），也不讨论机器学习尤其是人工神经网络（全连接多层前馈网络＋反向传播这种万能模拟的模式）的"能力"是如何而来（表面看上去当然是我们电子计算机＋人类的编程而来，实际上有更深刻的原因），而仅仅讨论在这两者已经给定的条件下的相似性。

　　❷　WILLIAMSON J. The Philosophy of Science and Its Relation to Machine Learning [M] //GABER M M. Scientific Data Mining and Knowledge Discovery. Berlin, Heidelberg: Springer Berlin Heidelberg, 2009: 77 – 89.

人去操作仪器设备获得数据，抑或是对数据的处理以及最后提出理论假说，等等，都有我们在前文提出的那种基于数学认知的"同构"的过程。这个过程本质上是可以被形式化表示的，而这个过程也可以通过机器学习的方式来模拟，在这个意义上，人类的科学发现与机器学习具有同样的"逻辑"过程。当然这里面还有很多细节问题和"逻辑"问题，例如，人类科学家有各种不同的提出假说的方式和逻辑，机器学习是否都能够模拟？这就涉及另外一个关于"约束"的问题，例如卷积神经网络适合处理图像，其实全连接的人工神经网络也可以处理图像但是效力比卷积神经网络要低一些，卷积神经网络是加了所谓的"结构"也就是卷积的方法，对于同样结构的数据，某些方法要明显快一些。对于真实科学实践中数据数量明显不够的领域来说，要根据这些数据提出可能的模型并进一步去创造更多的数据去证实或者证伪，这个提出新模型的方法，人和机器是否一样？是否存在最有效率的方法？这其实是一个实践的问题，需要看今后人工智能科学发现的进展。符号公式与神经网络模型之间的差别或许是科学发现与机器学习之间的一个鸿沟，前者貌似更加精确和浓缩，而后者会有更多的噪音。但这个鸿沟在科学实践的数学认知的视角下是可以被填平的。科学理论和科学模型能够在人类的行为层面达到一种同构，而机器学习也可以，这就是两者在宏观层面的关系。

上述的框架论证的是科学实践行为可以从一个比较基础的认知层次被机器复现，并不代表机器可以"自己"去复现。科学哲学传统上说的科学发现的逻辑讲的是如何一步步趋向成功的，是如何一步步有逻辑可循地获得科学发现的，机器要复现这样一个过程需要有进一步的研究和讨论。● 上述宏观的类比建立在对科学发现过程的一种认知的看法上，因为这种看法目前仅仅是定性，需要进一步的工作去定量地给出严格的描述，所以我们目前仅仅将宏观的类比看作一个方向性的指引。如果要定量描述，从具体的、实用的层面来看，机器学习和科学发现的微观对比不仅仅是可能的，还是必须的，大致可以从数据、模型、算法等多个层次来分析这种类比，这是今后的重要研究方向。

7.3　认知同构理论的问题

　　基于科学实践过程的同构，我们知道有一条存在于人类活动与科学理论之间的路径。问题在于机器能否达到这条路径，或者机器在这条路径中所能够扮演的角色。第一部分基于已有的知识，在没有过多预设的情况下认为机器至少能够帮助人类科学家在某些情况下获得真正的科学新概念的发现。本书第 2 部分我们基于对数学认知的理解以及对科学实践的看法，分析机器能够对（人类）科学发现做一些什么，以及人类发现和机器发现之间可能的关系，但这里面有几个更进一步的重要而又困难的问题，目前没有足够的论证能够给出确切的答案，这一节列出这些问题和

　　● 更加深入的一个问题是，"科学发现的逻辑"的形式化是否实践上可行而不仅仅是理论上，人类的深厚的常识和自然语言"底座"到底在其中发挥多少作用，这需要另外一本书去探索。

困难并做一些初步的猜测。

我们再来回顾一下基于本书第 6 章具身数学认知和科学实践观点下的科学图景。人类的科学活动是人类认知活动的一个子集。认知一般是指通过思考、经验和感知获得知识和理解的心理过程，而认知活动就是与此相关的包括心理活动在内的人类活动。具身认知则认为，认知能力中很多重要的方面都与有机体的整个身体相关而不仅仅是大脑的功能，认为感知运动系统与认知系统和认知过程从根本上是嵌入一体的❶。基于具身认知去考察数学，我们会发现数学概念及不同数学概念之间的关系等与人在时空中的身体行为相关，具有某种结构映射。这些映射是基于一种人类进化而来的天生的初级的数学能力（例如 5 以内的对于基数和序数的加减法），而基于这种数学认知和具身能力之上扩展和构建数学概念体系这个过程又十分清晰明确，看上去是可以进行严格形式化的刻画，但一系列问题随之而来。

第一个问题是机器能否完全刻画人类（可能）构想的数学结构？这里有相互嵌套着的几重问题。有一种观点认为，人脑是超越机器的，不仅在那些日常自然语言思维的层面上，就是在形式化的思维上也是，哥德尔第二不完全定理保证了这一点。但相反的观点认为，哥德尔不完全定理保证的是"某一个"形式系统的某种能力，机器可以不是某种特定的形式系统的图灵机，而是可以根据不断输入的经验进行改变的图灵机。还有关于无穷和极限的问题。那些人类能够想象的无穷复杂的数学空间是否真的

————————

❶ 当前有很多理论力图结合认知科学中的表征计算和具身传统，如预测加工理论就是一类能够兼容两者的理论。

是"实"无穷的？解析表达式虽然可以通过数值方法逼近，但仍然是一种逼近，数学中有关无穷的内容，机器能否完全把握？❶

更深一层是关于认知循环的问题。❷ 这里有一条很长的循环链条：当前的计算和学习机器本质上是图灵机，图灵机的原理从认知角度看也是基于人类的数学认知，可以看作模仿人类的简单数学操作；这么一个基于人类简单数学操作构建的机器，其表达能力是否足够去刻画"人类数学认知本身"？做一个类比，就好像要去问，一台当代的电子计算机是否有足够的能力去刻画自身的运行逻辑？这个问题乍一看好像不难，当代计算机操作系统中开一个虚拟机就可以模拟自身运行的逻辑。但问题是，计算机不是一个有意识的自治的系统，并不是计算机自己开发模拟器模拟自己，而是程序员编了一个模拟器的程序去模拟计算机操作系统（还不是模拟硬件），所以才能够刻画自己的这个循环。所以这个问题可以表述为，具有学习能力的机器是否能够通过学习具有这种刻画自身的能力？

不完全决定（underdetermination）的问题。对于从数据中找规律，并不是说有了足够的数据一定能够找到背后的真理，甚至是对于完全的数据来说都有多重决定的问题，即能够符合数据的理论不止一个。人类的科学事业中也有这样的问题，例如对量子

---

❶ 有一种关于有穷数学的理论，参见首都师范大学叶峰教授的著作。

❷ 认知循环问题可能是一个需要用多本书的篇幅来阐述的问题，这里仅简单提及。认知循环是笔者博士论文的题目，本书可以看作为了阐述认知循环问题而做的一个铺垫。

测量问题的解释中，就存在着不完全决定问题有多种相互竞争的理论。从科学理论认知同构的角度看，其意义在于如果能形式化科学理论，对于具有相同解释力的不同理论就有了可以量化比较的可能，但如何制定标准仍然是一个问题，比如是越简单的（计算复杂性的标准）越好还是其他的标准？

我们一直在用一个很宏大的视角去看科学，但科学是细分不同领域的，不同领域之间是否存在层级关系，有的话，不同层级之间是否可还原，这些与机器学习是否能够带来发现也是相关的。作为经验科学的标杆的物理学，认为世界是有简单性的规律的，用少量的变量及其之间的关系就可以表征。但到了化学和生物学，可能需要更大的模型和计算量，如 AlphaFold 所展现给我们的那样。而到了与人类意识相关的领域甚至是社会科学和社会文化领域，可能至少需要千亿参数规模的模型，如 OpenAI 的 GPT3.5。那么，我们之前所讨论的一切是否适用所有的自然科学领域？

最后一个是因果问题，涉及至少两个不同的方面。第一个方面来自上一段关于不同科学领域的问题，不同的科学领域对于因果性和相关性的追求是不同的，在基础物理学中主要是对相关性的考察，而除此之外的自然科学领域大多是在追求因果机制。机器学习与因果发现是最近正在兴起的领域，考察因果的一个重要原因是数据的多少与复杂性问题。在比较"纯"的基础科学领域，人们能够通过控制环境和各种变量让干扰因素变得最少，但是在涉及复杂环境，特别是与生命和社会相关的很多领域就无法直接做控制实验。那么，在这些无法直接做控制实验的科学领域，机器学习的科学发现是否有不同的特征？基于机器学习的因果发现领域具有什么特征，能否超越人的发现？

关于因果的第二个方面与科学理解以及科学数据的获得相关。这一点前文也多次提及，真实的人类科学发现过程是一个复杂的群体认知进程，科学数据的获得不是偶然的也不是必然的，而是在理解科学理论的基础上，在后续的科学活动中获得的。这一过程就需要因果思维，需要反事实的思考，需要去设想"如果怎么怎么样，那么会怎么怎么样"。所以如果想要通过自动的机器去设计实验和组织观察，除非有能力去获得所有相关数据（而这是不可能的），机器需要因果的思维。这就引入了一个更大的话题——语言模型与强人工智能的问题。最近一些基于 Transformer 的超大语言模型点燃了强人工智能的又一次兴奋，对于本书的主题，自然要问：如果人工智能可以"理解"人类的语言和因果思维，那么对于科学发现来说意味着什么？当然目前看来，大模型还没到理解人类语言的程度，人工智能对于语言的处理素材基本是文本，而人类的语言是生活的一部分，或者说是多种感知数据交融的结果。但是如果从计算主义的角度看，仅仅通过文本未必就不能够达到理解。所以这些问题目前也还仅仅是与我们的主题相关的问题，我们拭目以待人工智能的进一步发展。

第 3 部分　案例研究

第8章 语言模型与科学发现[1]

本书第 3 章提到在某种特殊的情况下，例如现象和数据与理论不符，特别是在对同种类型的现象有多个相互竞争的解释理论同时存在的时候，机器学习可以帮助人类科学家发现新的科学理论甚至是原理性的理论。根据统计学习理论，机器学习算法从数据中所能学习到的知识不会跳出训练数据的范围，如果要把从已有数据中学习到的知识泛化到新的数据集，已有的训练集需要有足够的代表性，数据集中的变量要与训练集类似才能有好的泛化效果。这也是为什么之前的人工智能都是"窄"的，只能执行特定领域内的特定任务，没有通用性。而从 2022 年底到 2023 年初开始出现并迅速发展的大语言模型动辄有上千亿的参数，使用从互联网上下载的巨量人类知识进行训练，对人类语言展现出惊

---

[1] 这一章是在本书几乎定稿时临时加上的，本来准备单独写一章因果发现与科学发现，但由于因果发现和因果机器学习领域还在发展初期，从哲学角度研究的时机还未成熟，所以作罢。但 ChatGPT 在 2022 年底的横空出世和大语言模型的火爆让科学中的因果发现有加速发展的可能。GPT（Generative Pretraining Transformer）系列尤其是 GPT-4 还出现了通过语言模型实现通用人工智能的可能性，所以笔者临时决定加写这一章。这其实也是人工智能快速发展的见证，笔者攒了三四年的 AI 驱动科学发现的材料和相关思考写成本书，可能在不久的未来会发现其中最有价值的工作反而是定稿之后临时加入的内容。

人的理解能力，甚至"涌现"出了逻辑推理能力。这类大语言模型还可以进行小样本学习，展现出了极强的泛化能力和一定的通用性，可以看作通用人工智能的早期版本。

另一方面，就科学数据而言，数据并不仅是数据本身，科学数据还负载科学理论。对科学数据的分析并不仅仅分析了数据中的信息，还顺带分析了数据背后的理论信息。但数据所负载的理论信息是隐性的，并不直接出现在数据中，而是出现在对数据的采集和使用中，出现在使用数据的科学实践活动的上下文中。虽然科学观察和实验本身是相对"客观"的❶，同一个实验的结果在 1872 年和一百多年后或今天可以同样使用，但是在不同时代的使用方法和解释角度是不同的。一个科学观察或者科学实验，往往不是对某个对象基本性质的直接观测，而是一种间接的测量（例如对光速的观测）。这自然就会涉及实验和观测背后的理论预设，所以在对这些间接数据进行分析的时候，自然会带来有关数据背后的理论预设的信息。拿我们将要在第 9 章作为案例分析的以太漂移测量来说，著名的迈克尔逊-莫雷实验的数据并不能直接作为机器学习模型的输入，需要配合 19 世纪关于以太的各种理论才能"还原"为关于光传播的信息，也恰恰是这种"还原"，让我们有机会通过机器学习去发现新的理论。

---

❶ 自然科学实验本身在不涉及背景假设下是否客观这一问题一直存在争论。一种观点认为实验的设计、实验仪器的选择、研究人员的操作以及对于实验结果的观察等一系列过程都会涉及主观性；但是另外的观点认为，无论带有什么样的理论背景预设，实验过程是一个"客观"的"自然"过程，对实验和结果的解释和说明或许带有主观色彩，但是其过程和结果本身作为一种自然过程是"客观"的。我们暂且不去参与这些争论。

　　单一的机器学习模型目前并不能"理解"科学知识，能够发现科学概念的模型仅仅是发现概念而不是理解概念。本书第 9 章的案例研究虽然让机器学习模型能够自动地去扩展理论空间（AI – Einstein 2.0），但是具体在哪个知识点去扩展，相互矛盾的理论应该在哪个预设上"往后退一步"，这些判断和操作还需要人工去设置，这涉及对科学理论的理解。

　　大语言模型的快速发展，让我们看到了机器能够真正"理解"科学知识的可能性，也看到了让机器去实现本书第 7 章中所描述的那种从具身数学认知角度去描述科学发现过程的可能性，这一章是对这些可能性的初步探讨。

8.1　预训练大规模语言模型及其能力

　　预训练的大规模语言模型是一种用于自然语言处理的深度学习模型，所谓预训练指的是它们会被预先训练好以理解和生成人类语言，而不会根据使用中的用户反馈再去改动训练好的模型。这种模型著名的例子是 OpenAI 的 GPT 系列模型，如 ChatGPT，GPT – 4，以及谷歌的 BERT 等。

　　在训练这种模型时，要使用大量的文本数据（如网页内容、书籍杂志等）进行预训练，目标是学习语言的统计规律。例如，GPT 模型通过预测文本序列中的下一个单词来进行预训练，而 BERT 模型则通过预测被随机遮盖的单词来进行预训练。这种预训练可以帮助模型理解语义、语法、事实信息，甚至一些世界知识。

一般来说，完成预训练后模型就已经固定了，改动模型再训练需要耗费大量的资源。虽然模型的主要结构不变，但我们可以对模型进行微调（fine - tuning），使其能够执行特定的任务。例如，我们可以通过在特定的任务（如文本分类、情感分析或问答）上进行额外的训练，让模型适应这些任务。在微调阶段，模型会学习如何将预训练阶段学到的通用语言理解能力应用于特定的任务。

除了微调，还有一种流行的方法叫作提示工程（prompt engineering），是一种不需要额外训练的方法，它主要依赖于精心设计的输入提示来引导模型生成想要的输出。预训练的语言模型（通常被称为基础模型）已经学会了大量的语言知识和世界知识，因此通过提供合适的提示，我们可以引导模型在特定任务中给出正确的答案。提示工程不需要修改模型的参数，而是通过改变输入的形式来改变模型的行为。从 2022 年末到 2023 年最流行的大语言模型 GPT 系列使用的就是提示工程。

GPT 全称为生成式预训练 Transformer，其中的 Transformer 是一种机器学习架构。自 2017 年 Transformer 架构被提出之后❶，自然语言处理领域就发生了重大的变革，之前用于处理自然语言的方法，例如循环神经网络（RNN）和长短时记忆网络（LSTM）等架构逐步被 Transformer 替代。Transformer 模型的基本结构由编码器和解码器两部分组成，这是一个典型的序列到序列

❶ VASWANI A, SHAZEER N, PARMAR N, et al. Attention is all you need [J]. Advances in neural information processing systems, 2017 (30).

（Seq2Seq）模型。编码器由 N 个完全相同的层组成，每个层包含两个子层：自注意力（Self‒Attention）机制和前馈（feed for-ward）神经网络。编码器接收输入序列，将其转换为一组连续的表示，这些表示包含了输入序列中的上下文信息。解码器也由 N 个完全相同的层组成，但它包含三个子层：自注意力机制、源注意力（Source Attention）机制和前馈神经网络。解码器在生成输出序列时，会参考编码器的输出和自身之前生成的输出。

自注意力机制是 Transformer 模型的核心，它能够计算输入序列中每个元素对输出序列中每个元素的影响。具体来说，对于输入序列中的每个元素，自注意力机制都会计算其与序列中其他所有元素的相似度，然后基于这些相似度生成输出。自注意力机制的关键在于，它不仅仅关注输入序列的当前元素，还关注序列中的所有其他元素，这使得模型能够更好地理解序列中的长距离依赖关系。不同于循环神经网络和长短时记忆网络的顺序处理，注意力机制在具体计算上能够并行处理从而更好地使用 GPU 来加速计算，这也是注意力机制能够表现更好的重要原因。

基于上述的机制，大语言模型有着多种应用场景，它们有识别、总结、翻译、预测和生成文本等各种能力。其中，最重要的就是自然语言的处理能力，大语言模型可用于诸如翻译、聊天机器人和 AI 助手等自然语言处理应用程序。所有与语言相关的任务它都可以去执行并给予一个回馈，不同的模型的回馈质量不同，在 2023 年 5 月，像 GPT‒4 这样的模型已经能够在大多数的语言任务上超越人类的平均水平，也能够在类似司法考试、生物学竞赛这类任务中达到人类前 10% 的水平。

　　除了自然语言，大语言模型另外一个令人惊艳的能力是编程。大语言模型可以帮助人类编写或者自动编写软件，并据此让具有物理身体的机器人执行物理任务。像 GPT‑4 这样的大型语言模型是在大量文本数据上进行训练的，这其中包括许多编程代码的例子。因为模型学会了在给定前面标记的情况下预测序列中的下一个标记，所以它们可以很好地理解编程语言的语法和常见模式，这使得它们能够在给定相关提示时生成代码片段。这种自动编程让人工智能自我迭代变得可能，并据此指数级地进化其自身性能，这会在地球上产生除了碳基生命之外的另一种可以找到自身局限并进行修正的自修复系统。

　　上面这些还只是大语言模型能力的冰山一角，随着人工智能的进一步发展，更多能力将不断涌现并继续给人类带来惊喜❶。大语言模型为何会有这样的能力？维特根斯坦说语言是世界的模型，那么掌握了人类语言世界的人工智能是不是就掌握了人类构建的、存在于所有人类脑中和各种媒介中的、关于世界的知识？笔者认为是的，只是当前的大语言模型还有很多缺陷，其训练数据也只是人类语言世界的一小部分，所以当前的模型可以看作对互联网世界的一个模糊记忆。重要的是目前（2023 年 5 月）仅是一个开始，大语言模型后续的发展如增加多模态内容的输入、让模型具身化等必然会快速到来。而当语言模型能够有一个与物理世界互动的身体并能处理多模态数据时，其作为通用智能模型的能力必然会快速增长。

---

❶　给人类带来的惊吓本书暂不讨论。

8.2　大语言模型与自动科学发现

在简单地介绍了大语言模型及其应用后，笔者将从两个方面阐述其与自动科学发现的关系：第一个方面是基于大语言模型对于自然语言的理解能力，分析其能否进一步推动本书第一部分所论述的智能驱动的科学发现；第二个方面更加基础，分析大语言模型能否构建自动科学发现模型，特别是从本书提出的基于具身数学认知的科学实践角度去构建。

8.2.1　大语言模型与智能驱动科学发现

本书第 1 章、第 2 章详细综述并分析了智能驱动科学发现的相关研究，它们使用的主要技术是深度学习，其中自编码器和符号回归居多。使用这些方法的科学新发现和再发现研究虽然能够发现一些科学现象和经验定律，但这些人工智能模型并不理解其所发现的内容，这阻碍了人工智能像人类一样可以在已有知识和概念的基础上进一步获得新的发现，从而实现累积进步。所以在科学再发现研究中，很多工作都力图从物理学中最基础的变量开始学习，并使用最基础的数据进行训练（如一个物体的时空数据），而那些更加复杂的再发现研究基本都需要人类提供先验知识。例如有一个号称对科学发现全流程进行模拟的"人工智能笛卡尔"（AI – Descartes）研究❶发展了一种方法，通过将逻辑推理与符号回归结合，可以从公理知识和实验数据中推导出自然现象的模型，但其公理知识同样需要人类的输入。那么有没有可能让机器真正地理解人类的科学知识，且能从人类已有的知识库中自动提取知识并结合新的科学数据从而实现科学发现？从大语言模型如 GPT – 4 所展现出来的推理能力和理解能力来看是非常有可能的。理论上，大语言模型不仅可以弥补已有研究中需要人类输入知识的缺陷，还可以在多个方面对自动科学发现提供帮助，而且是改变游戏规则的帮助。

在自然语言理解方面，大语言模型可以帮助理解科学文献、科学公式和理论中复杂的自然语言描述。这种能力来自于模型的预训练阶段，通过使用大量的科学文本数据（包括各种领域的专业文献）来训练模型，让模型预测在给定的上下文中可能出现的下一个词，以此学会理解和生成符合（科学）语言规则的文本，包括理解复杂的科学概念和公式。目前的主流观点认为，语言模型的理解是基于模式匹配和统计推断的，而不是真正的人类意义上的理解。例如，模型可能很难去理解非常复杂或抽象的科学理论，或者可能会误解某些概念或公式的含义。但从另一方面说，人类其实也不确切地知道自己是如何理解复杂的科学知识的，人类能够感知到的是科学知识的表征也就是各种概念和公式之间的逻辑推导关系，这种表征之间的关系是有限的，只要语料足够，

❶ CORNELIO C, DASH S, AUSTEL V, et al. Combining data and theory for derivable scientific discovery with AI – Descartes [J]. Nature Communications, 2023, 14 (1): 1777.

机器总有一天能够全部学会。如果机器能够通过大规模的自然语言的语料把握人类的自然语言，那么也应该能够通过大规模的科学语料去把握人类的科学知识。当前流行的大语言模型的训练语料中，科学知识偏少（可能与版权获取有关系）或许是其对科学知识的理解比对自然语言的理解更弱的原因。

自然语言生成方面，GPT－4 可以生成清晰、准确的自然语言描述，解释复杂的科学理论和模型。这不仅能够更好地向非专家或广大公众解释这些理论，从而扩大科学知识的普及面，提高接受程度，更重要的是可以促进高质量的高级科普和专业学习。高级科普指的是专家之间的科普，随着现代科技的专业和细化发展，往往同一个领域内不同研究方向的专家之间都无法看懂相互的研究，而这会阻碍科学的整体发展。如果大语言模型能够针对不同的需求生成准确且易于理解的科学文本，就会在一定程度上满足各个领域的专家对了解其他领域知识的需求，会促进跨学科的交流和发现。这在某种意义上也算是智能驱动的科学发现，只不过需要人类专家作为中介。

除此之外，大语言模型还可以帮助链接不同领域的理论和概念，帮助研究者在他们的研究中发现新的视角或方法。例如，它能够找出似乎无关的理论之间的潜在联系，或者提出使用一个领域的方法来解决另一个领域的问题的思路。这种不同领域之间的关联会随着领域数目的增加而呈现一种指数性质的增长，人类科学家很难穷尽其可能，而大语言模型则可以凭借其算力和对所有领域之间联系的同步把握来找到其最佳可能性。

虽然语言模型（如 GPT－4）主要是一个生成模型，但其能力也可以用于预测和推理，例如，预测一个理论的可能影响或在给定的情况下推理最可能的结果。这就涉及科学传统中人类以理论为中心的科学发展模式——假设演绎体系中的演绎的部分。大型语言模型能够理解和生成复杂的语言结构，这使它们有能力理解和应用科学推理和逻辑。用来训练模型的数据中，只要相关的科学数据足够多，它们就可以理解假设、证据和结论的关系，并可以从一组已知的事实中推导出新的信息。

那么，大语言模型能否用来构建新的科学假说？笔者认为是可以的，根据目前大语言模型对自然语言的理解和生成来看，它可以根据已有的自然语言内容去生成全新的内容，原因在于它找到了人类所有语言背后那个共同的结构，也就是乔姆斯基意义上的生成语法（虽然会比乔姆斯基所说的更加复杂）。科学语言虽然不同于自然语言，但仍然属于人类语言的一部分，使用人类可以理解的概念去表达对象之间的关系，所以自然（理论上）可以被大语言模型把握。

除了上面的这些作用，大语言模型还可以在数据分析和模型建立中发挥辅助作用。例如，GPT-4可以用来解读和解释模型的输出结果，用人类能够理解的方式输出。更进一步，大语言模型还可以对复杂的模型进行解释，它已经达到可以理解自身复杂性的程度。基于这种能力，它可以帮助构建和调整模型，可以在模型的具体细节和人类对模型的要求这两个不同层级的信息之间转换，类似于执行计算机汇编语言的功能，只不过更加复杂。

需要注意的是，虽然大语言模型（如GPT-4）有很大的潜力，但它们也有很多不足。大语言模型是从整个人类的互联网上学习知识，模仿的是整个人类的行为，人类已有的不足它也一定会有。例如，它们可能会生成误导性或不准确的信息，因为概率最高的答案并不一定就是最准确和正确的答案，整个人类的误解也会成为它的误解；它也有可能在没有足够上下文信息的情况下进行错误的推理，而不是承认信息不足无法推理，这就类似人类的不懂装懂。所以大语言模型参与生成的内容都需要去核实，而人工智能自动核实目前也在发展中。

8.2.2　大语言模型与自动科学发现

让机器实现自动科学发现有三种路径，第一种是利用基于大语言模型的自动主体（agent）系统，把科学发现的各个环节串联起来；第二种是在理解人类科学知识的基础上构建自动科学发现模型；第三种是抛开人类的认知系统而遵从机器逻辑的自动科学发现❶。第一种路径已经进入实践阶段；第二种路径在上一小节已经列举过一些内容，但仅仅涉及大语言模型为人类科学实践的不同环节提供帮助❷，还未能实现基于理解的自动科学发现；第三种不在本书讨论范围。下面我们基于本书第 6 章、第 7 章内容去分析基于科学理解下的自动科学发现是否可能。

---

❶　本质上是无法抛开人类逻辑的，机器的逻辑当然也是一种人类的逻辑，我们是从实现的意义上来区分人类的逻辑和机器的逻辑，也就是机器能够大规模快速运行而人类个体无法达到的那种逻辑。

❷　大语言模型在数据分析、逻辑推导和产生假设等领域的应用已经出现并在快速发展。

基于具身数学认知的科学实践观认为，我们人类使用的数学系统（而不是那个存在于我们之外的数学的世界）是基于人类具身的认知系统发展出来的。具体说，一个数学符号所代表的数学概念，对应的是一种执行这种概念的能力。这种能力可以有多种表现，例如，在脑中构想数学概念之间的关系并用严格的形式化语言刻画，或者在物理世界执行数学概念所表达的含义（如数数或者使用工具去度量事物）等。这是一种把数学结构与其他（物理）结构联系在一起的能力，理论上可以用范畴的语言来表达。而范畴论这种基于关系表达的高度抽象的语言也能够作为不同数学分支之间沟通的桥梁，从而作为物理世界内不同尺度的对象之间的桥梁。例如，把宏观尺度上人的身体性的行为与微观尺度上基本粒子的行为之间建立起连接。

从这种实用的、认识论的角度看，人类基于数学所建立的科学大厦，能否被机器所刻画并理解？笔者认为是非常有可能的。虽然所有机器对数学的刻画都受到哥德尔第二不完备定理的约束，但本文的想法与之并不矛盾。哥德尔不完备定律所描述的内容，是关于一个形式化的公理系统（可以通过机器实现）能否刻画数学语言想要描述的对象，而本文要研究的是机器能否刻画使用数学工具的人类行为，这两者是不同的事物。笔者认为机器有能力在借助范畴语言去刻画数学的基础上再去刻画科学知识，下一个问题是，大语言模型能够做到吗？

能够理解科学知识并进行科学实践的人类具有物质性身体，可以与真实的物理世界互动，物质性身体对于数学语言构建也具有基石作用。但是大语言模型目前还没有身体❶，它能否理解科学知识？从 GPT－4 的表现来看，应该说有了一定的理解能力❷。GPT－4 能够在众多的科学科目考试中超越大多数人类，而这些考试题目中有很大比例是全新的，这就意味着模型对科学知识具有一定的泛化能力，能够在某个特定的领域把知识融会贯通，仅仅依赖对知识的记忆无法做到这点。但是类似 GPT－4 这样能够答对新题的大语言模型，能够在什么层次上理解科学知识，目前还未知。人类对科学知识的理解也是分层次的，例如，在某个领域内，理解一些必要的概念，掌握一些技巧并多刷几道题，就可以很好地回答这个领域的大多数题目，但是想要完全掌握这个领域的知识并融会贯通地应用到实践中，则需要更高层次的理解，需要对这个领域的底层知识甚至是这个领域的发展历史有所了解。这就类似于是掌握了牛顿力学公式并会做题，同时也背会了分析力学的套路，会使用欧拉－拉格朗日方程，还是类似于费曼在《费曼物理学讲义》中所展示的那样，能够理解经典力学和分析力学这两者之间的底层联系，并能把最小作用量原理运用在其他领域。目前看来，GPT－4 至少已经掌握了前者，它通过大量专业领域的数据已经可以在各个细分领域融会贯通。但它是否已经可以

---

　　❶　对于大语言模型的多模态数据以及具身数据的训练研究已经开始，人们很快就会看到由语言模型控制的机器人出现，以及使用来自真实世界的感知数据训练的语言模型。本书不讨论这个趋势，仍旧在当前（2023 年 5 月）的主流模型技术条件下展开分析。

　　❷　有一些迹象表明，可能不需要多模态也不需要身体，大语言模型就能够掌握关于世界的知识。例如，GPT－4 可以识别图片，并有一定的空间想象能力，可以根据提示词去构建图形。这种没有图片等多模态输入的关于图片和空间的知识，可以仅仅通过自然语言输入得到，原因在于人类用自然语言编码了物理世界的时空结构。

在更加基础的层次上懂得科学知识目前还未可知，一个原因是我们目前并不了解这些超过千亿参数的大语言模型的运作细节，并不知道它是否"知道"；另一个原因是我们虽然知道模型会随着参数量的增长和训练数据的提升而有更好的表现，但目前无法预测模型能否达到前文所述的更加高级的理解。尽管如此，在部分领域的融会贯通就已经足够实现特定领域内自动的科学发现，已经可以把大语言模型嵌入已有的智能驱动科学发现的工作流程中。

8.2.3　大语言模型实现科学发现的具体路径

上一节分析了是否可能，这一节来说明如何可能。基于语言模型的科学发现方法已经快速进入科学实践，例如，卡内基梅隆大学的研究者提出了一个智能代理（intelligent agent）系统，结合了多个大语言模型，可以用于自主设计、规划和执行实验，❶这个模型主要用到了语言模型对文本解读和规划的能力，可以基于已有的知识进行药物合成。同时，通过特定领域的大数据直接构建大语言模型的研究也不断出现。例如，《科学》杂志上的一篇基于语言模型预测蛋白质结构的研究，提出了一种能够对蛋白质结构进行演化尺度预测的模型，这种语言模型不是基于人类的语言数据，而是基于蛋白质的"语言"数据。❷ 这个工作展示了

---

❶　BOIKO D A, MACKNIGHT R, GOMES G. Emergent autonomous scientific research capabilities of large language models［DB/OL］. arXiv, 2023［2023 - 05 - 12］. https：//arxiv. org/abs/2304. 05332.

❷　LIN Z, AKIN H, RAO R, et al. Evolutionary - scale prediction of atomic - level protein structure with a language model［J］. Science, 2023, 379（6637）：1123 - 1130.

如何使用大语言模型从主序列直接推断出完整的原子级蛋白质结构。研究人员发现，当参数扩大到 150 亿时，原子级分辨率的蛋白质结构就会在模型的表征中出现。这两个研究刚好代表了 8.2.2 小节中提到的实现自动科学发现的前两种路径，一个是用语言模型打通科学发现各个环节，一个是直接基于对科学语言的理解获得发现。由于大语言模型的自动编程能力和自动规划能力能够帮助研究者快速甚至自动地构建模型，所以这些基于语言模型的自动化科研方法和装置会比之前基于简单结构的深度学习更加快速地部署到各类科研领域。

上述基于大语言模型的自动科研方法会快速迭代发展并真正改变科学研究范式，但目前仍然局限在对科学现象和经验定律的发现。本书更加关注新理论的发现，从实现路径上看，使用大语言模型发现新理论也同样可以有两种不同的方式。第一种方法是把大语言模型嵌入类似 AI – Descartes 或者 AI – Einstein 这样的工作，作为分析理论与数据关系并提出新假说的一个工具。这个工具可以基于新假说进行演绎，并给出新的观察和实验的路径，从而产生新的数据来证实或者证伪假说。这是一种比较快速和便捷的方法，可以直接利用已有的大语言模型，但需要多次调用大语言模型的不同能力并设计好流程。这种方法比较常规，核心思想是用大语言模型代替科学发现各个环节上的人类工作，不同于卡内基梅隆大学提出的科学研究自动代理方法，与 AI – Descartes 这类模型结合的大语言模型主要负责产生更加基础性的科学假说。

第二种方法是对已有大语言模型进行微调甚至重新构建特定

领域的大语言模型。前文中提到的基于大语言模型预测蛋白质结构的研究就是一个针对特定领域应用的例子，使用大语言模型找到蛋白质基因语言内部的关联。而对于更加通用的科学发现，尤其是针对基础学科（如物理学领域）的发现，不能仅仅使用特定领域的数据，而是需要一个更加庞大的科学数据库。这个数据库不仅包含各个专业领域的数据，更重要的是需要有"元数据"，也就是产生科学数据所依赖的科学活动的数据，例如，各种实验仪器的参数和活动，操作实验仪器的人的活动数据等。这些元数据可以是纯文本，也可以是多模态的图像和视频数据。当"元数据"足够多的时候，大模型就有可能在找到数据之间联系的基础上去理解人类的科学实践和科学知识，理解科学数据中的模型与人类行为之间的关系。一个统一的模型需要不同尺度上的数据，而真实世界极度复杂，并在不同尺度上涌现出不同的规律，例如产生出人类语言的机制与蛋白质从基因序列到空间结构的决定机制就不在同一个时空尺度，所以这种更加基础的路径需要面对庞大的数据和巨量算力的问题。

第9章　科学史案例建模研究

本书第 1 章和第 3 章已经分析过现有的科学再发现研究并不能令人信服地说明机器学习能够获得"真正"的第三和第四层次的科学发现，也就是发现新的科学概念、构造性的科学理论以及原理性理论。但同时也认为，在某些特定的条件下曲线拟合至少能够得到对科学发现有用的启发并帮助获得高层级的科学发现，机器学习在一定的条件约束下可以帮助人类科学家克服认知局限并探索更多可能的理论空间。本章通过对科学史上一个重要案例的机器学习建模来验证这个观点是否"实际"● 可行。这个案例就是科学史上著名的"两朵乌云"之——以太漂移问题。

我们选取的案例与 19 世纪末关于光和"以太"的理论以及 21 世纪初期相对论的诞生相关。一方面，关于光的性质——是粒子还是波——在 18 世纪和 19 世纪一直存在争论，各种与光的传播相关的观测和实验也在不断地被做出，有些观测和实验偏向支持光的粒子说，有些则偏向支持光的波动说。到了 19 世纪初，

● 打引号的原因在于我们是基于科学史的研究并不是真正的实际的研究，而是尝试回到科学史的历史场景中，尽量还原当时的情况，查看数据的方法能够给我们带来什么启发和结果。

尤其是光的偏振被发现之后，越来越多的观测和实验偏向支持光的波动说。按照当时的理论，如果光是一种波动，那么就必须有传播的介质，所以寻找光的介质"以太"并测定其与地球的相对速度及其性质等工作贯穿了整个19世纪的物理学。

从另一方面看，以太问题也直接牵涉到经典电磁理论与牛顿经典力学的矛盾。牛顿经典力学有两个预设——绝对时空和相对性原理。绝对时空预设了整个宇宙中空间处处平坦且时间处处相同。时间处处相同指的是空间中的任何一点，无论处于哪个坐标系或者参照系，其时间（流逝）与其他点永远是同步的。相对性原理则来自伽利略最初为哥白尼日心说理论的辩护，该原理认为，对于任何的惯性系来说，物理规律或者说力学原理都具有一样的形式，也就是一个现象或者事件从任何惯性系来看都表现出相同的特征。例如，在地面上往空中抛一个小球，和在相对于地面匀速行驶的高铁内向上抛一个小球一样，小球都会落回原地。绝对的时空加上相对性原理可以直接推导出不同参照系之间的伽利略变换形式，也就是从不同参照系观察同一个现象时参量之间的变换形式。上述这两个经典力学的预设一直运行良好，但是麦克斯韦电磁理论却不符合伽利略变换。麦克斯韦方程能够直接根据两个常数推导出电磁波的速度，且与当时测量的光速相近，于是推测可见光是电磁波的一种。但是根据当时主流的光的波动说，光的传播需要一种被称为"以太"的介质，而根据经典运动学理论，麦克斯韦方程推导出来的电磁波的速度需要相对于某个参照系，于是自然而然把"以太"作为了光速的绝对参照系。为了解决麦克斯韦的电磁方程不符合伽利略变换这个矛盾，麦克斯韦等人发展了一套电磁以太的理论，但最终并未成功。

19 世纪中期以后，人们发现所有关于以太的理论都没法解释当时已知的一系列观测和实验，特别是在 1887 年著名的迈克尔逊-莫雷实验得到以太漂移零结果后，更是加深了这个矛盾。洛伦兹为了解释迈克尔逊-莫雷实验的零结果给出了一个方案，这个方案中提出了洛伦兹变换。但是洛伦兹在他的解决方案中让物体在运动方向上发生了"真实"的收缩，与后来狭义相对论对于不同参照系来说观测到的收缩是完全不同的性质。另外，根据爱因斯坦自己的描述以及后人的研究，迈克尔逊-莫雷实验没有实质性地影响到爱因斯坦狭义相对论的提出，他认为斐索流水实验和光行差就已经足够，其对相对论原理的支持特别是对光速不变原理的提出另有别的原因，其中不乏哲学的思考。

针对爱因斯坦狭义相对论和广义相对论的提出，尤其是他并不完全根据当时已知的一些观测和实验而是有很多哲学的思考，我们的案例研究的一个核心问题是，如果没有爱因斯坦这样的"天才"，如果仅仅站在爱因斯坦提出狭义相对论的那个时候（甚至更加靠前），仅仅依靠那个时代科学界所知道的观测和实验的数据，以及当时人们所知道的知识和一些预设，我们能够做些什么？通过对这些观测和实验数据进行分析，我们能够得到什么，能否得到狭义相对论中重要的概念甚至是理论的符号表达式？而爱因斯坦所面对的情况，刚好也是本书第 3 章中所描述的有多种科学理论去解释同一类现象且相互矛盾的情形。要回答这些问题就需要去实际地构建模型，同时不能像已有的科学再发现研究一样使用已知公式模拟出来的数据，而是使用历史上那个时代所知道的真实的数据。我们选取与以太问题相关的一些重要的观测和实验，首先简单概述这些观测和实验的内容，再提取出可用的数据并尝试做合理的扩展，然后使用一种机器学习的方法来分析数据。

9.1　以太相关现象与理论

　　1887 年迈克尔逊第二次做测量以太风的实验，也就是著名的迈克尔逊-莫雷实验之时，有众多的关于光传播的观测和实验，以及针对这些现象提出的关于光和以太的理论。下面简要介绍其中的三种，我们的建模会用到其中的两种。

9.1.1　光行差

　　光行差一般是指不同速度的观测者在同一时间和地点观察到的光的角度不同，原因在于速度叠加（见图 9–1）。天文上的光行差是指从地球上观测到某些恒星的位置（角度）会随着时间（地球的周年运动）而周期性地变化，每年有最多大约 40 弧秒的循环的变化（也就是相对于恒星的"真实"的位置，有最多大约 ±20 弧秒的变化）。在天球上不同位置的恒星的光行差是不

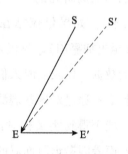

图 9 – 1　光行差原理示意图

同的，在黄道极方向的恒星会在一年中显示出一个接近于正圆的光行差轨迹，而在黄道上的恒星的光行差轨迹则是一条线，其余位置的恒星的光行差轨迹在这两者之间呈现出不同的椭圆形（见图9－2）。光行差有很多种，最明显的是因为地球的周年运动而导致的，因为相对于地球的周年运动，遥远的恒星的位置近乎不变，地球围绕太阳运转会形成地球与近似均匀洒入太阳系的星光的相对运动，从而导致视觉上的偏移；当然还有因太阳系的运动而形成的光行差，但因为在短时间内太阳系的运动方向基本不变，所以在最初发现光行差的时候没法观测到这一效应。

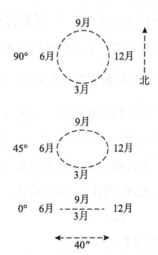

图9－2　天球上不同位置恒星光行差轨迹示意图

图片来源：https：//en. wikipedia. org/wiki/Aberration_（astronomy）。

　　最早发现光行差现象的布拉德利（James Bradley）在18世纪用经典的光的粒子理论去解释这个现象，认为产生光行差的原因在于地球与恒星之间的相对速度，并且还通过光行差和地球轨道速度首次估算出了光速（我们的模型中关于光行差的部分主要采用布拉德利的观测数据）。但是到了 19 世纪初，光的波动说占据主流，波动说通过假设光以太（luminiferous aether）去解释光行差，即认为光的传播需要通过介质"以太"来实现，而地球的周年运动相对于以太有不同方向的速度，从而形成了光行差。以太假说确实可以解释光行差现象，但是需要预设光以太相对于太阳系静止以及地球穿过光以太时不会对以太造成拖拽（也就是以太会跟随着地球表面移动），并且无法解释使用灌水望远镜观察时不变的光行差现象。

菲涅尔（Augustin Fresnel）在 19 世纪初提出以太的部分拖拽假说，认为以太相对于太阳系是静止的且不会被地球运动所拖拽，但是会被速度为 v 且折射率为 n 的透明物体以 $\left(1 - \dfrac{1}{n^2}\right)v$ 的速度部分拖拽，这个理论很好地解释了光行差现象并被斐索流水实验部分证实。而斯托克斯（George Stokes）在 19 世纪中叶提出了另外一个版本的以太拖拽理论，认为以太在大尺度上可以看作流体状态而小尺度上表现为刚体，在地球表面会被完全拖拽。❶

9.1.2 斐索流水实验

斐索流水实验的主要目的是测量光在流动的水中的相对运动速度，最早由斐索（Hippolyte Fizeau）在 1851 年实施，如图

---

❶ SCHAFFNER K F. Nineteenth – Century Aether Theories ［M］. New York：Pergamon Press，1972.

9 - 3 所示。

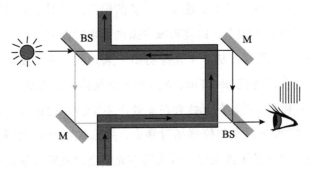

图 9 - 3　斐索流水实验示意图

图片来源：https：//en. wikipedia. org/wiki/Fizeau_experiment。

　　按照 19 世纪对于光传播速度的理解，光在介质中的传播速度应该是光在静止介质中的速度加上介质的速度，而光在透明的介质中的速度是光速除以介质的折射率。如果光速为 c（当时认为的相对于静止以太的速度），水流速度为 w，水的折射率为 n，那么当光与水流同方向的时候，其速度应该是 $v_+ = \dfrac{c}{n} + v$，而实验的结果则是 $v_+ = \dfrac{c}{n} + v\left(1 - \dfrac{1}{n^2}\right)$。也就是说，水对光的拖拽是部分的而不是全部的。

9.1.3　迈克尔逊-莫雷实验

　　1887 年进行的迈克尔逊-莫雷实验是对 1881 年迈克尔逊的以太测量实验的一个改进，目的是探测地球是否相对于预设的"静以太"有相对速度。实验的原理并不复杂，迈克尔逊和莫雷设计了一个可以让同一束光向垂直方向运行并最后汇合的干涉设备，以检测光在不同方向上的速度，设备的构造在当时十分精细，整个设备漂浮在水银上，以此来减少振动带来的误差。基本运行原理如图 9 - 4 所示，从一个光源射出一束光线 s 并在棱镜 a 处分为两束垂直的光路 ab 和 ac，b 点和 c 点是两个反光镜，且 ab = ac，从 b 和 c 反射回的光线会在 a 处产生干涉并通过棱镜进入观测设备 f。如果以太与仪器相对静止，那么就不会观测到不同方向两束光之间的干涉条纹，因为两束光会走过同样长度的路程而不会产生干涉；但如果根据某些理论所说，以太是相对于太阳参照系静止的，那么地球就会带着设备以一定速度的相对以太运行，实验的结果就是能够观测到干涉，而且在地球周年运动中的不同时刻，也就是地球围绕太阳运行的不同时刻，地球相对于以太有不同的速度，那么根据当时比较流行的静止以太假说，实验的结果（两束光的干涉程度）应该如图 9 - 5 中的虚线所示。

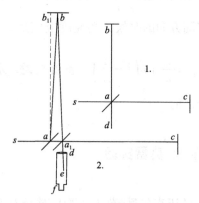

图 9 - 4　迈克尔逊-莫雷实验示意图

图片来源：MICHELSON A A, MORLEY E W. On the relative motion of the Earth and the luminiferous ether [J]. American Journal of Science, 1887, s3 - 34 (203)：333 - 345.

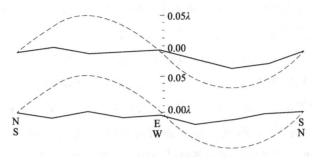

图9-5 迈克尔逊-莫雷实验观测结果

图片来源：MICHELSON A A, MORLEY E W. On the relative motion of the Earth and the luminiferous ether [J]. American Journal of Science, 1887, s3 -34（203）：333 -345.

　　但是经过多次在同一天不同时段以及一年中不同季节的测量，迈克尔逊-莫雷实验得出了著名的"零结果"，也就是两束光路同时到达终点，没有明显的干涉条纹出现，具体实验数据如图9-5中的实线所示。实验的零结果说明没有测到明显的"以太风"，但并不意味着没有以太，只是没有测到仪器与以太的相对速度，有可能在地球表面以太就是静止的，被地球完全拖拽运动。所以这个结果支持了斯托克斯的完全拖拽假说而不支持菲涅尔的部分拖拽假说，但前者的理论相对后者更加复杂。洛伦兹支持菲涅尔的以太部分拖拽假说，但其为了解释以太漂移实验的零结果发展出一套电磁以太理论，并增加了一个著名的特设——物体在运动方向上有"真实"的长度收缩，系数为 $\sqrt{1 - v^2/c^2}$。

　　前面介绍光行差时提到过，早期光的波动说能够很好地解释光行差，但是没法解释给望远镜灌水后光行差不变这个现象，因为光在水中的速度接近于在空气中的3/4，那么用灌水后的望远镜观测到的光行差应该是不灌水时的3/4。但观测的结果是光行差幅度基本没变，灌水与不灌水时的结果基本相同，菲涅尔的部分拖拽假说也可以很好地解释这个结果。

　　总结一下，迈克尔逊-莫雷实验的零结果之后，已有多种理论去解释光的传播和以太。一方面，部分拖拽假说能够很好地解释光行差和斐索流水实验，但是无法解释迈克尔逊-莫雷实验的结果，根据部分拖拽假说，前者应该能够测到明显的"以太风"，也就是最后的干涉条纹效果应该呈现图 9-5 中的正弦曲线的模式，而实际结果则近似为直线。另一方面，完全拖拽假说可以解释迈克尔逊-莫雷实验结果，但是无法很好地解释光行差，如果以太能够被完全拖拽，那么就不会有光行差的现象。同时还有光的粒子说，但其在 19 世纪并不流行。所以这种情况是典型的多种理论去解释同一类现象（光的运行）的不同的表现。现在我们需要用机器学习去构建一个能够同时解释这些不同现象的模型，看这个模型能带给我们什么新的东西。

9.2　机器学习建模

　　本章要介绍笔者构建的两个版本的 AI-Einstein 模型，模型 1.0 已经发表于《自然辩证法通讯》2023 年第 1 期，模型 2.0 是更高阶的一个版本。

9.2.1　模型 1.0（带预设）

　　观察渗透理论，数据中包含着大量的背景预设，就算是看上去完全客观的原始数据（rawdata），如用来做计算机视觉的图片，也至少与生成图片的物理器械相关。而在科学研究中的大量数据更是由各种科学仪器观察和实验得到，具体的观察和实验则是在一定的科学理论下进行的，所以科学数据必然包含着预设的理论。

　　我们构建机器学习模型的目的是可以同时解释和预测上述与光的传播相关的现象，虽然这些现象具有不同的特性——光行差是在地球上观察到星光的偏移，迈克尔逊-莫雷实验是两束人造光在不同方向（垂直）上的传播——但都与光的运行相关，都是两束光（或者光与物体）的相遇。这里我们略去斐索流水实验，主要因为其还涉及光在介质中的传播，多了一个变量，还带有透明介质对以太的拖拽这个假设，而这个特点在光行差和迈克尔逊-莫雷实验中都没有，如果加入斐索流水实验会让我们的模拟更加复杂。而光行差和迈克尔逊-莫雷实验都针对光在地球近地表空气中的传播，我们针对这个特点构建一个用来预测光运行路程的模型：用一束光的路程或者一个运动物体的路程（路程1）去预测另一束光的路程（路程2）。模型的输入为在一定的理论预设下路程2的值，而输出的监督部分则是根据路程1以及实际观测/实验值预测得到的路程2的值。❶ 模型使用自编码器架构（见图9-6），自编码器可以简单看作一种降维方法或者是找到数据中关键变量的工具，当我们把自编码器的输入设置为在某一个预设下通过理论推导出的某个值（如光的路程），输出设置为

---

❶ 更一般地，可以设置为任意两个角度运动物体的互相预测，但为简便起见，本文固定其中一条路径为地球在太阳系中的运行方向。

根据实际观测/实验得到的预测值，那么自编码器中间层所"编码"的就是在这个特定的理论预设下，预测值与实际测量值之间需要"修改"的地方。而在不同的理论预设下分别用自编码器构建模型，所编码的就是在不同的预设下预测得到的光的路程与实际路程之间的关系。在这一小节，我们分别在两种不同的预设下构建模型：第一种预设有静止以太；第二种预设没有以太。

（1）静止以太假设下的建模。

菲涅尔静止以太假设存在一个绝对静止的以太系，地球在穿过以太时不会对以太进行拖拽，但是透明物体穿过以太时会对以太有一个系数为 $1 - \dfrac{1}{n^2}$ 的部分拖拽效应，其中 n 为光在透明物体中的折射率。菲涅尔假设这种静止的以太相对于太阳系静止，但我们仅预设存在一个静止的以太系且不预设其与太阳系之间的相对速度。[1] 已有的光行差数据是观测到的光行差与时间（地球周年运动）之间的变化关系（见图 9 – 6），我们采用 1887 年之前的光行差观测数据，选择使用布拉德利 1727 年对天棓四（γ Draconis）的观测数据[2]（Bradley，1728）并对之进行合理扩充[3]。

对光行差现象，模型的数据输入为静止以太预设下在时间 $t = 10^{-8}$s 内星光相对于以太走过的路程；输出为在同样的预设下，根据观察数据中的地球速度和光行差推导出来的星光在 t 时间内"实际"走过的路程（根据预设，星光路程可以用地球速

---

[1] 把光行差的数据代入的结果会发现这个静止的以太系其实就是太阳坐标系。

[2][3] 1727 年，布拉德利只有 15 组观测数据，我们采用线性插值方法扩充到 100 组。

度 v 与实际观测的恒星角度 φ 推导，而地球速度可以根据布拉德利 1727 年观测的时间点反推)。

The Difference of Declination by Obfervation.	The Difference of Declination by the Hypothefis.		The Difference of Declination by Obfervation.	The Difference of Declination by the Hypothefis.
1727. D.	"	1728. D.	"	"
October 20th — 4½	4⅓	March 24	37	38
November - 17	11½	12	April - 6	36	36½
December - 6	17½	18½	May - 6	28¼	29
- - - 28	25	26	June - 5	18¼	20
1728			- - 15	17¼	17
January - 24	34	34	July - 3	11½	11½
February - 10	38	37	Auguft - 2	4	4
March - - 7	39	39	September - 6	0	0

图 9 – 6　布拉德利 1727—1728 年对天棓四（γ Draconis）的观测

资料来源：BRADLEY J. A letter from the Reverend Mr. James Bradley Savilian Professor of Astronomy at Oxford, and F. R. S. to Dr. Edmond Halley Astronom. Reg. &c. giving an account of a new discovered motion of the fix'd stars ［J］. Philosophical Transactions of the Royal Society of London, 1728, 35（406）：637 – 661.

对于迈克尔逊-莫雷实验，已有的数据是设备的臂长 $L =$ 11m，以及在不同时间（一年内不同日期以及同一天的中午和傍晚）旋转设备得到的光的干涉结果（见图 9 – 7），我们使用 1887 年迈克尔逊-莫雷实验数据并做合理扩充。针对迈克尔逊-莫雷实验，模型的输入为用一个臂长中光走过的路程（CT_t）去预测得到的另外一个臂长中光走过的路程（CT_l），输出为第二个臂长中光实际走过的路程。

NOON OBSERVATIONS.

	16.	1.	2.	3.	4.	5.	6.	7.	8.	9.	10.	11.	12.	13.	14.	15.	16·
July 8	44·7	44·0	43·5	39·7	35·2	34·7	34·3	32·5	28·2	26·2	23·8	23·2	20·3	18·7	17·5	16·8	13·7
July 9	57·4	57·3	58·2	59·2	58·7	60·2	60·8	62·0	61·5	63·3	65·8	67·3	69·7	70·7	73·0	70·2	72·2
July 11	27·3	23·5	22·0	19·3	19·2	19·3	18·7	18·8	16·2	14·3	13·3	12·8	12·3	10·2	7·3	6·5	
Mean	43·1	41·6	41·2	39·4	37·7	38·1	37·9	37·8	35·3	34·6	34·3	34·4	34·4	33·9	33·6	31·4	30·8
Mean in w. l.	·862	·832	·824	·788	·754	·762	·758	·756	·706	·692	·686	·688	·688	·678	·672	·628	·616
	·706	·692	·686	·688	·688	·678	·678	·628	·616								
Final mean	·784	·762	·755	·738	·721	·720	·715	·692	·661								

P. M. OBSERVATIONS.

	16.	1.	2.	3.	4.	5.	6.	7.	8.	9.	10.	11.	12.	13.	14.	15.	16·
July 8	61·2	63·3	63·3	68·2	67·7	69·3	70·3	69·8	69·0	71·3	71·3	70·5	71·2	71·2	70·5	72·5	75·7
July 9	26·0	26·0	28·2	29·2	31·5	32·0	31·3	31·7	33·0	35·8	36·5	37·3	38·8	41·0	42·7	43·7	44·0
July 12	66·8	66·5	66·0	64·3	62·2	61·0	61·3	59·7	58·2	55·7	53·7	54·7	55·0	58·2	58·5	57·0	56·0
Mean	51·3	51·9	52·5	53·9	53·8	54·1	54·3	53·7	53·4	54·3	53·8	54·2	55·0	56·8	57·2	57·7	58·6
Mean in w. l.	1·026	1·038	1·050	1·078	1·076	1·082	1·086	1·074	1·068	1·086	1·076	1·084	1·100	1·136	1·144	1·154	1·172
	1·068	1·086	1·076	1·084	1·100	1·136	1·144	1·154	1·172								
Final mean	1·047	1·062	1·063	1·069	1·109	1·115	1·114	1·120									

图 9 – 7　1887 年迈克尔逊-莫雷实验数据

资料来源：MICHELSON A A, MORLEY E W. On the relative motion of the Earth and the luminiferous ether ［J］. American Journal of Science, 1887, s3 – 34（203）：333 – 345.

（2）无以太预设下的建模。

在预设静止以太建模并训练后，我们把理论背景预设改为"无以太"并基于此重新结合历史数据构造训练集。"无以太"不预设存在以太，同时根据当时（1887 年）已知的麦克斯韦电磁理论可以合理预设光速与光源无关。在无以太预设并且光速与光源无关假设下，光行差输入输出数据与静止以太预设下一样❶，而迈克尔逊-莫雷实验数据则可以从多个不同的参照系（包括太阳参照系）去解读。在预设静止以太的情况下，迈克尔逊-莫雷实验数据可以看成是相对于静止以太参照系；而在预设无以太的情况下，其输入输出数据中原本需要用到的地球速度（在静止

---

❶　因为光行差的观测数据可以看作地球相对于太阳坐标系的速度与恒星角度之间的函数关系（实际上当时认为由于恒星距离遥远，星光可以看作近似均匀洒入太阳系）。

以太预设下是从零到地球轨道速度之间变化）可以根据参照系的不同而变化（甚至可以有远高于地球轨道速度的变化），模型最后训练得到的结果可以看作在不同的参照系下看到的结果。

（3）建模结果。

使用自编码器在不同的背景预设下把光行差数据集与迈克尔逊-莫雷实验训练集放入同一个模型（见图9-8）进行训练，并尽量减少中间表征层神经元的数量。由于历史数据的数量比较少，我们基于历史数据做了合理的扩充（线性插值），并分别基于历史数据和扩充后的数据做了模型的训练。我们发现，直到把模型中间表征层神经元数量降为1时，在两种不同预设下（静止以太和无以太）的训练都可以达到很好的预测效果。同时我们在两种不同预设下都发现一种固定的特征——自编码器中间表征层的激发值与地球速度 v 之间有固定的函数关系（见图9-9、图9-10）。这个特征说明随着地球速度的不同，或者说随着从不同的参照系去"看"光行差和迈克尔逊-莫雷实验，用路程1预测到的路程2与"真实"的路程2之间有一个效应，且这个效应与地

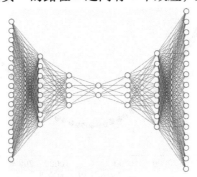

图9-8　自编码器

球的相对速度有一种图9-9和图9-10所示的二次关系。这种二次关系明显不同于伽利略变换，可以看作光或者物体的运动长度有一个随着其自身速度增加之外的另一个与地球速度的二次方相关的关系。另一方面，两种不同的预设下，训练模型都可以得到好的预测效果，同时两个模型都具有上述特征，这说明无论是在静止以太预设还是在无以太预设下，通过机器学习得到的最简单（中间表征层神经元数量最少）的模型都具有相似性的特征。

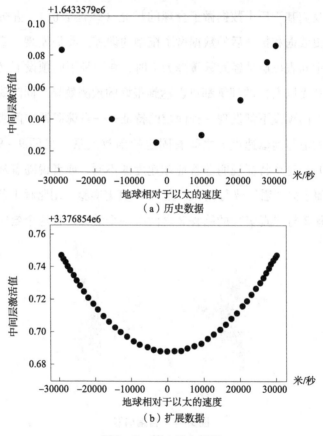

（a）历史数据

（b）扩展数据

图9-9 静止以太假设

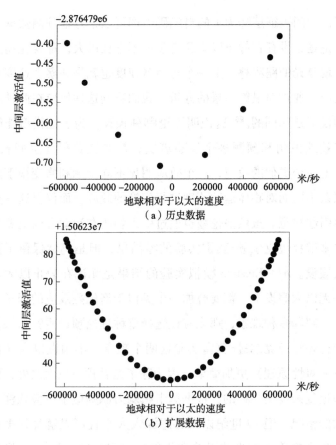

图 9 - 10　无以太假设

（4）分析。

　　观察渗透理论，从数据中获得的"知识"和模式是在一定背景预设下的知识。在 AI - Einstein 1.0 案例研究中，我们分别在两个不同的以太理论预设下，按照 1887 年已知的观察和实验数据通过合理的扩展构造了同一种光现象的数据，并用同一个自编码器模型去训练。最终得到的结果显示，在两种不同的理论预设下，中间表征层降为 1 的自编码器都可以很好地预测数据。同时无论是预设存在静止以太还是预设不存在以太，都要让输入数据也就是光的路程叠加上一个与地球速度也就是观察者速度相关的效应。通过对最终结果的分析，我们看到这种效应在两种不同的预设下是相同的。[●] 这说明无论哪种预设，为了让模型能够统一有效地说明和预测多个经验事实，都要让路程（空间长度）叠加上一个类似的效应，这个效应明显不同于伽利略变换下因为参照系不同而对物体运动速度进行变换的效应，而仅仅这一点就足够引起注意。虽然洛伦兹也通过引入物体在运动方向上真实的收缩来解释迈克尔逊-莫雷实验的零结果，但是仍然保留了静止以太假设。AI－Einstein 模拟实验的结果是无论在静止以太假设还是无以太假设下，都要叠加一个类似于洛伦兹效应的因子才能够统一解释多种现象，那么应该选择哪种理论预设呢？如果仅仅看光行差和迈克尔逊-莫雷实验这两个现象，不预设以太（仅仅预设相对性原理）更加简单，因为除了是否预设以太之外，两者的理论复杂度是一样的，根据奥卡姆剃刀原则似乎更应该注重无以太的情况。但 19 世纪以太思想深入人心且可以解释很多其他已知的光现象（如光的干涉和衍射），所以 AI－Einstein 模拟得到的结果无法告诉我们对于更多的光现象来说哪个理论更好。同时根据当时麦克斯韦方程对电磁波速度的推导结果，如果不预设一个光速的绝对参照系也就是以太系，就要面临着相对性原理和伽利略变换二选一的局面，当时的科学家们似乎都没有认

[●] 图 9－9 与图 9－10 曲度不同的原因是横轴所表示的地球速度范围的不同，当取同样范围时两者是近似相同的。

真思考过以太是否存，而是思考以太如何存在。而 AI – Einstein 1.0 的意义在于，如果在那个时代可以有类似的数据处理方法，模拟的结果本身会给科学家提供一种打破思维惯性的可能和一种方向性的启示，给抛弃以太、保留相对性原理并改变伽利略变换这一思想以理论上的支持。从这个意义上看，可以说"曲线拟合"在某些特殊的情况下至少可以带来一种观念以及概念变革的启发。

9.2.2　AI – Einstein 2.0——无预设

模型 1.0 是在特定的已知理论下建模，是要在静止以太和无以太这两个具体预设下，假设要同时满足光行差和迈克尔逊-莫雷实验两个结果，去求这两个预设应该如何改变。这个初步的研究展示了我们计划的可行性，即基于已知的理论，通过机器学习去拟合已知数据，从而给出从已知理论变化到更符合数据的新理论的各种可能性（理论变化空间），并根据一些先验的标准（如简单性标准等）去选择最优的理论。但是模型 1.0 还存在漏洞和不足，漏洞在于"无以太"预设在当时看来并不显著，在 19 世纪末，光的粒子说也有部分市场但并不主流。另外，迈克尔逊-莫雷实验的零结果可以被斯托克斯的以太完全拖拽假说合理解释，并没有直接"证明"以太不存在。同时，洛伦兹为了支持静止以太假说还构建了更加复杂的模型和洛伦兹变换。模型 1.0 的不足在于，从建模的角度看，理想的操作不是根据当时的情形人工选择两个不同的假设（模型 1.0 选择了静止以太和无以太）

来训练模型，而是让机器去自动尝试更多可能的假设并建模，模型 1.0 的"无以太"假设应该是机器自动建模的一个中间步骤。在众多理论和数据不匹配的情况下，最合理的操作应该是根据第 3 章中所描述的，"往后"退一步少做预设，看能够解释当时所有相关现象的理论具有什么特征。据此在模型 1.0 的相关文章发表之后，我们进一步构建了 AI – Einstein 模型 2.0。

模型 2.0 的最基本的假设和所使用数据与模型 1.0 基本相同，都是基于光行差与迈克尔逊-莫雷实验的历史数据，但是在模型 2.0 中，我们要一般性地放松对不同理论的争论点的限制（而不是使用特定的理论）。在光传播和以太漂移这个案例中的争论点是以太的性质，所以我们在模型 2.0 中尝试"往后退一步"，即尽量不去设置关于以太的特性。由于我们并不特别预设关于以太的理论，所以对于以太是否被拖拽、相对于地球的速度甚至以太是否存在等（也就是所谓的"往后退一步"）都可以不预设特定的值，这样就可以尽量多地用不同的"预设"（而不是如模型 1.0 中的两个）来训练模型，即扩大关于以太特性的理论空间。我们基于某个参照系（如太阳参照系），让以太可以相对于地球有多种相对速度来增加模型空间。同时为了避免参照系选择的特异性，我们又选择多个不同的参照系重复前面的建模（如选择相对于太阳参照系的一系列惯性系[1]）。

具体地说，模型 2.0 的输入是在某个预设下（如静止以太预设——以太相对于太阳系静止，同时从太阳参照系的角度去组织

---

[1] 尽管严格来说太阳参照系并不是惯性系，但是在一个较短的时间范围内可以近似看作惯性系。

数据），通过光行差的观测者在某个时间长度（如 0.0001 秒）走过的路程（地球的移动距离）而预测到的星光走过的路程（路程1），而输出则是在这个预设下"真实"的星光所走过的距离❶（路程 2）。例如在静止以太预设下，地球对以太没有拖拽效应，设定从太阳参照系构建数据，则观测者可以通过自己走过的路程结合光行差的数据推算出星光走过的路程。那么我们放松对以太的性质（相对于地球速度）的限制，就不仅仅是在静止以太下（相对于太阳系静止），还可以假设以太相对于太阳系有各种速度（我们在模型中设为从 0 到 30000 米每秒），因为毕竟各种观测和实验都在找以太和以太相对于地球的速度，那么我们就干脆尝试各种可能性。❷ 同样，对于迈克逊-莫雷实验我们采取同样的设置对以太相对于太阳系速度做一个取值范围，并从中抽取多个样本点分别构建模型。最后总的输入要把两个数据混合在一起，这样最终训练好的模型，就是在光行差下和 MM 下都适合的模型，说明了在不同的预设下（以太的不同的速度），旧的预设和模型要如何"改变"才能得到适合两者的模型。❸ 在取不同以太速度下，我们是可以直接把两个数据相混合的，原因在于光行差和迈克尔逊-莫雷实验都是在近地表的观测和实验，所以环境

---

❶　实际建模时使用的是时间而不是路程，即假设在时间间隔 t（0.0001 秒），地球从 O 点到 A 点，星光从 B 点到 O 点，那么根据在 t 时间内地球走过的路程和光行差的数据去预测星光从 B 点到 O 点需要的时间 t_1，t_1 作为模型的输入，而真实的时间 t 作为模型的输出。

❷　具体建模中以太相对于太阳系速度限制在 0～30000 米每秒，取 10 个样点。

❸　这里所谓的旧的预设和模型要如何"改变"，其实是通过旧的预设所预测出的值如何变化到新的值来表示的。

相同，如果以太相对于地球的速度发生变化，对于两者的效应是等同的。

我们同样用一个与模型 1.0 相同的自编码器模型去训练数据，并尝试用尽量少的中间层，最后发现中间层使用一个神经元就可以很好地拟合数据。在不预设以太特征情况下，我们发现在众多的模型（以太相对于太阳系不同速度）当中，当以太相对于太阳系的速度为 0 的时候，中间层的激发值是一个对称的图形❶，而其他情况都是非对称图形（见图 9－11）。由于我们使用的数据是一个完整的地球周年运动数据，也就是说无论是地球相对于假想的以太还是太阳，或者是光行差的数据，从结构上看都应该是对称的。因此我们可以认为一个好的、简单的、能够拟合这些对称数据的模型也应该具有对称的特征，也就是说，从输入数据中所蕴含的预设"改变"到新的模型的改变本身也应该是对称的。所以我们在所有训练好的模型中更加青睐对称的模型，也就是以太相对于太阳系速度为 0 的那个模型。这个结果和模型 1.0 的结果部分一致，模型 1.0 就是在静止以太的假设下的建模，不同的是模型 1.0 还添加了一个无以太的预设模型，而模型 2.0 还需要更进一步。

上述第一步是放松对以太（相对速度）的限制，这里并没有加上"无以太"预设，第二步要放松更多的预设——参照系。到目前为止，无论是模型 1.0 还是模型 2.0 的第一步，都是假设我们从太阳参照系的角度去理解理论和组织数据，所谓的静止以

❶ 至于为何偏向于对称的图形，这是引入的一种 bias，其他的都不对称而只有一种情况对称说明这种情况具有某种特性。

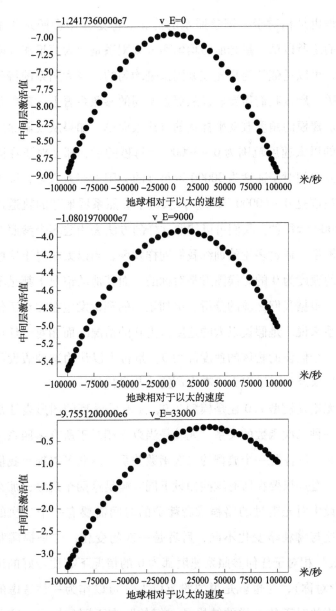

图 9 - 11 模型 2.0 训练结果

太假设也是相对于太阳参照系的静止。但是太阳参照系并不特殊，而之所以认为星光能够均匀洒入太阳系是因为恒星离太阳系很远，可以近似认为星光在太阳系是均匀的，与太阳系的特殊地位无关。所以我们需要假设从更多不同的参照系看上述现象并建模。从建模的角度改变坐标系的方法很简单，如果从太阳参照系选取的以太速度范围为 0 ~ 30000 米每秒的话，那么对于在同一运动方向相对于速度为 30000 米每秒的太阳参照系看来，以太速度的范围是 0 ~ 60000 米每秒，从这个参照系看地球的轨道速度是 90000 米每秒。我们可以按照这样的方法去构建多个参照系并训练模型。通过多轮的训练我们同样发现，当以太相对于这些参照系的速度为 0 的时候图形是对称的，而其他的情况下都是不对称的。根据我们之前的分析，更加正确的理论发生在相对于任何参照系来说，是假设以太的速度都为 0 的情况。而相对于任何参照系一个假设的物体的速度都为 0，是否可以认为这种假设可以舍弃？这就提示了以太不存在可能才是最优解。

　　无论是模型 1.0 还是模型 2.0，所有的模型的图形表征都显示出一种二次函数的关系，尤其是当以太相对于所有参照系速度为 0 时，图像是一个典型的二次函数关系。由此可以提示我们两点：一是如果要在所有这些预设下同时满足这两个现象，那么旧的预设中对光走过的路程或者耗费的时间需要有一个二次的变换，这与伽利略变化不同，后者是一次的变化；二是提醒我们"以太"相对于任何参照系速度都为 0 的情况下有比较好的结果（图形对称），这也就是说"没有以太"可以作为一种考虑的情形。当然对于什么样的结果是"好的"有不同的标准，这种对于理论和模型进行选择的标准和方法可以是科学家个人的偏好，这种偏好下选择的理论和模型需要通过其他的判定标准（科学共同体某个时代的判定标准）来最终决定是否是最优的。机器学习能够给我们提供的则是更大的理论和模型空间，这种更大的空间可以弥补人类科学家因为各种原因带来的漏洞，弥补我们不曾想过的或者由于先入为主的偏见或者人类的认知偏好甚至是个人精力不足等带来的问题，而具体选择哪个模型则需要我们依据前述某种先验标准来判定。

从历史上看，通过爱因斯坦的自述和第三方研究，虽然我们大致知道爱因斯坦为何能够提出狭义相对论的两个基本原理，知道他受到马赫的哲学的影响以及他的一些哲学思考的帮助。提出狭义相对论的 1905 年相距 1887 年迈克尔逊-莫雷实验已经快二十年，同时其本人也说过这个实验对他并没有影响❶，其自述促成他提出狭义相对论的光行差和斐索流水实验也是半个多世纪以前的事情，这里面不得不说有个人天才的成分。但我们的模型基于 1887 年之前的数据可以明确地显示出抛弃以太接受相对性原理的结果，可以认为在那个时代如果没有爱因斯坦的天才，仅仅依靠已有的数据和理论分析也是可以"逻辑"地推导出狭义相对论的前提。

---

❶ 爱因斯坦在构建狭义相对论之前是否知道迈克尔逊-莫雷实验一直存在争议。

后 记

本书的主要内容来自我近5年追踪智能驱动科学发现的研究成果，以及近十年对数学认知与科学活动和实践的思考。把这些内容统一成一本书前后花费一年多时间，而就在这写书的一年多时间内，人工智能又取得了重要的进展，尤其是在2023年初写完初稿之后，通用人工智能又迎来了一波内卷狂潮，带有强大逻辑推理能力的 GPT－4 和众多竞品相继出现。为了不显得过时，我最后临时加上关于大语言模型与科学发现这一章，同时在一些章节加上了与 GPT 相关的最新内容。这在一定程度上体现了人工智能的加速发展以及通用人工智能时代的到来，这是我的第一本书，很有可能也是我最后一本全部由自己完成的书。

在过去这一年的写作过程中，我的状态可能与很多人一样，被全球的疫情和局部地区的战争分散了太多注意力；但是又与很多"青椒"不同，我的第一本书不是基于博士论文的修改版本，而是一个几乎全新的话题，这两重原因导致我花费了更多的时间去写作，甚至"耽误"了职称评审。我的博士论文是关于"认知循环"这么一个更加宏大的主题，计划作为我的下一本书，而本书其实是这个主题的一个先导。本人资质平平也不甚努力，还容易被各种俗务牵扯注意力，好在还能一直坚持探究一个感兴趣的问题，即便最后成果一般，能享受追索问题的快乐也不错。

本书篇幅不长，在我的博士生导师刘大椿老师的建议下，最后把第一章的案例做了充实并添加了关于数学的一小节。有些章节确实过于简单，如果在不改变框架和主要内容条件下再详细地扩充论证并辅以更多案例，应该能出一本更厚的书。但由于各种原因确实无力扩展，好在我已把自己的思想基本表达清楚。人工智能会不断发展，通用人工智能也很可能会提前实现，人工智能应用于科学发现会加速出现突破，即使是那些即时发表于预印本上的综述文章也跟不上实践的步伐，以后的文献综述和前沿追踪或许都会交给机器自动完成。而一本哲学书的价值在于其原创性的哲学思想，希望本书中的一些想法能够激发更多人对于人工智能与人类科学的思考。

感谢刘大椿老师给我作序，我从小就不是一个好学生，对于合理和不合理的常规路径都比较反叛，感谢大椿老师在我读博期间对我的包容。感谢我的博士后导师，清华大学吴彤教授，我们合作的两篇文章构成了本书第5章和第6章的部分内容。感谢中国人民大学哲学院的刘晓力教授，读博期间在她主持的读书班上我学习到了很多分析哲学和数学哲学的内容。感谢北京工商大学马克思主义学院姚洪越副院长，他帮我介绍了知识产权出版社。感谢认真负责的国晓健编辑，我在写作和表达上的不足给她添加了很多工作量。感谢我的父母，给了我很好的成长环境，让我早期能够随心从事哲学工作。最后，感谢我的妻子孙春玲，我们相识20年来，她不仅在生活上支持我，更要的是能够一直理解和支持我的选择，这本书献给她。

王 东
2023 年 7 月于天宁寺南里

参考文献

英文文献

[1] LINDNER D, KRAMáR J, RAHTZ M, et al. Tracr: Compiled Transformers as a Laboratory for Interpretability [DB/OL]. arXiv, 2023 [2023 – 01 – 31]. http: //arxiv. org/abs/2301. 05062.

[2] SULLIVAN E. Understanding from Machine Learning Models [J]. The British Journal for the Philosophy of Science, 2020, 73 (1): 109 – 113.

[3] ZDEBOROVá L. New tool in the box [J]. Nature Physics, 2017, 13 (5): 420 – 421.

[4] MJOLSNESS E, DECOSTE D. Machine Learning for Science: State of the Art and Future Prospects [J]. Science, 2001, 293 (5537): 2051 – 2055.

[5] SOKOL J. AI in Action: Machines that make sense of the sky [J]. Science, 2017, 357 (6346): 26 – 26.

[6] FLUKE C J, JACOBS C. Surveying the reach and maturity of machine learning and artificial intelligence in astronomy [J/OL]. WIREs Data Mining and Knowledge Discovery, 2020, 10 (2): e1349 [2023 – 02 – 23]. http: //arxiv. org/abs/1912. 02934. DOI: 10. 1002/widm. 1349.

[7] CHO A. AI in Action: AI's early proving ground: the hunt for new particles [J]. Science, 2017, 357 (6346): 20 – 20.

[8] CRANMER M D, XU R, BATTAGLIA P, et al. Learning Symbolic Physics

with Graph Networks [DB/OL]. arXiv, (2019 – 09 – 12) [2022 – 02 – 08]. http：//arxiv. org/abs/1909. 05862.

[9] CRANMER M, SANCHEZ – GONZALEZ A, BATTAGLIA P, et al. Discovering Symbolic Models from Deep Learning with Inductive Biases [DB/OL]. arXiv, (2020 – 11 – 18) [2023 – 02 – 08]. http：//arxiv. org/abs/2006. 11287.

[10] LEMOS P, JEFFREY N, CRANMER M, et al. Rediscovering orbital mechanics with machine learning [DB /OL]. arXiv, (2022 – 02 – 04) [2022 – 04 – 03]. http：//arxiv. org/abs/2202. 02306.

[11] KREMER J, STENSBO – SMIDT K, GIESEKE F, et al. Big Universe, Big Data：Machine Learning and Image Analysis for Astronomy [J]. IEEE Intelligent Systems, 2017, 32 (2)：16 – 22.

[12] CARRASQUILLA J, MELKO R G. Machine learning phases of matter [J]. Nature Physics, 2017, 13 (5)：431 – 434.

[13] CARLEO G, TROYER M. Solving the Quantum Many – Body Problem with Artificial Neural Networks [J]. Science, 2017, 355 (6325)：602 – 606.

[14] DAWID A, ARNOLD J, REQUENA B, et al. Modern applications of machine learning in quantum sciences [DB/OL]. arXiv, (2022 – 06 – 24) [2023 – 02 – 08]. https：//arxiv. org/abs/2204. 04198.

[15] FLAM – SHEPHERD D, WU T, GU X, et al. Learning Interpretable Representations of Entanglement in Quantum Optics Experiments using Deep Generative Models [J]. Nature Machine Intelligence, 2022, 4 (6)：544 – 554.

[16] GENTILE A A, FLYNN B, KNAUER S, et al. Learning models of quantum systems from experiments [J]. Nature Physics, 2021, 17 (7)：837 – 843.

[17] TANAKA A, TOMIYA A, HASHIMOTO K. Deep Learning and Physics

［M］. Singapore: Springer Singapore, 2021: 9.

［18］ CRAMER P. AlphaFold2 and the future of structural biology ［J］. Nature Structural & Molecular Biology, 2021, 28 （9）: 704 – 705.

［19］ MOORE P B, HENDRICKSON W A, HENDERSON R, et al. The protein – folding problem: Not yet solved ［J］. Science, 2022, 375 （6580）: 507 – 507.

［20］ STOKES J M, YANG K, SWANSON K, et al. A Deep Learning Approach to Antibiotic Discovery ［J］. Cell, 2020, 180 （4）: 688 – 702.

［21］ DAVIES A, VELIČKOVIĆ P, BUESING L, et al. Advancing mathematics by guiding human intuition with AI ［J］. Nature, 2021, 600 （7887）: 70 – 74.

［22］ YANG K, SWOPE A M, GU A, et al. LeanDojo: Theorem Proving with Retrieval – Augmented Language Models ［DB/OL］. arXiv, 2023 ［2023 – 07 – 04］. http: //arxiv. org/abs/2306. 15626.

［23］ THAGARD P, HOLYOAK K J. Discovering the Wave Theory of Sound: Inductive Inference in the Context of Problem Solving ［C］. Proceedings of the 9th international joint conference on Artificial intelligence. Volume 1, 1985: 610 – 612.

［24］ HEMPEL C G. Thoughts on the Limitations of Discovery by Computer ［M］ //SCHAFFNER K F. Logic of Discovery and Diagnosis in Medicine. Los Angeles: University of California Press, 1985: 115 – 122.

［25］ MACHERY E. Doing without concepts ［M］. New York: Oxford University Press, 2011: 230.

［26］ ITEN R, METGER T, WILMING H, et al. Discovering physical concepts with neural networks ［J/OL］. Physical Review Letters, 2020, 124 （1）: 010508 ［2023 – 03 – 16］. https: //doi. org/10. 1103/PhysRevLett. 124.

010508. DOI: 10. 1103/PhysRevLett. 124. 010508.

[27] WANG C, ZHAI H, YOU Y Z. Emergent Quantum Mechanics in an Intro-spective Machine Learning Architecture [J]. Science Bulletin, 2019, 64 (17): 1228 – 1233.

[28] CHEN B, HUANG K, RAGHUPATHI S, et al. Automated discovery of fun-damental variables hidden in experimental data [J]. Nature Computational Science, 2022, 2 (7): 433 – 442.

[29] WU T, TEGMARK M. Toward an AI Physicist for Unsupervised Learning [J/OL]. Physical Review E, 2019, 100 (3): 033311 [2023 – 03 – 17]. https: //doi. org/10. 1103/PhysRevE. 100. 033311. DOI: 10. 1103/PhysRevE. 100. 033311.

[30] UDRESCU S M, TEGMARK M. AI Feynman: A physics – inspired method for symbolic regression [J/OL]. Science Advances, 2020, 6 (16): eaay2631 [2023 – 03 – 17]. https: //www. science. org/doi/full/10. 1126/sciadv. aay2631. DOI: 10. 1126/sciadv. aay2631.

[31] UDRESCU S M, TEGMARK M. Symbolic Pregression: Discovering Physical Laws from Distorted Video [J/OL]. Physical Review E, 2021, 103 (4): 043307 [2023 – 03 – 17]. https: //journals. aps. org/pre/abstract/10. 1103/PhysRevE. 103. 043307. DOI: 10. 1103/PhysRevE. 103. 043307.

[32] LIU Z, TEGMARK M. AI Poincare: Machine Learning Conservation Laws from Trajectories [J/OL]. Physical Review Letters, 2021, 126 (18): 180604 [2023 – 03 – 17]. https: //journals. aps. org/prl/abstract/10. 1103/PhysRevLett. 126. 180604. DOI: 10. 1103/PhysRevLett. 126. 180604.

[33] LIU Z, TEGMARK M. Machine – learning hidden symmetries [J/OL]. Physical Review Letters, 2022, 128 (18): 180201 [2023 – 03 – 18]. https: //journals. aps. org/prl/abstract/10. 1103/PhysRevLett. 128. 180201.

DOI: 10. 1103/PhysRevLett. 128. 180201.

[34] RABAN I. Representation learning for discovering physical concepts [D/OL]. ETH Zurich, 2020. http: //hdl. handle. net/20. 500. 11850/487996. DOI: 10. 3929/ETHZ – B –000487996.

[35] MOHRI M, ROSTAMIZADEH A, TALWALKAR A. Foundations of machine learning [M]. Cambridge, Mass. : MIT Press, 2012: 1.

[36] GOODFELLOW I, BENGIO Y, COURVILLE A. Deep learning [M]. Cambridge, Massachusetts: The MIT Press, 2016.

[37] NIELSEN M A. Neural Networks and Deep Learning [M]. San Francisco, CA, USA: Determination press, 2015.

[38] ROSCHER R, BOHN B, DUARTE M F, et al. Explainable Machine Learning for Scientific Insights and Discoveries [J]. IEEE Access, 2020, 8: 42200 –42216.

[39] SCHICKORE J. Scientific Discovery [DB/OL]. The Stanford Encyclopedia of Philosophy, 2018 [2023 –03 –20]. https: //plato. stanford. edu/archives/sum2018/entries/scientific – discovery.

[40] LEONELLI S. Scientific Research and Big Data [DB/OL]. The Stanford Encyclopedia of Philosophy, 2020 [2023 – 03 – 20]. https: //plato. stanford. edu/archives/sum2020/entries/science – big – data.

[41] HOWARD D A, MARCO G. Einstein's Philosophy of Science [DB/OL]. The Stanford Encyclopedia of Philosophy, 2019 [2023 – 03 – 20] . https: //plato. stanford. edu/archives/fall2019/entries/einstein – philscience.

[42] Einstein A. Time, space, and gravitation [J]. Science, 1920, 51 (1305): 8 – 10.

[43] RATTI E. What kind of novelties can machine learning possibly generate? The case of genomics [J]. Studies in History and Philosophy of Science

Part A, 2020, 83: 86 - 96.

[44] DOUGLAS H, MAGNUS P D. State of the Field: Why novel prediction matters [J]. Studies in History and Philosophy of Science Part A, 2013, 44 (4): 580 - 589.

[45] KRENN M, POLLICE R, GUO S Y, et al. On scientific understanding with artificial intelligence [J]. Nature Reviews Physics, 2022, 4 (12): 761 - 769.

[46] DE REGT H W. Understanding scientific understanding [M]. New York: Oxford University Press, 2017.

[47] DE REGT H W. Understanding, Values, and the Aims of Science [J]. Philosophy of Science, 2020, 87 (5): 921 - 932.

[48] THE NNPDF COLLABORATION, BALL R D, CANDIDO A, et al. Evidence for intrinsic charm quarks in the proton [J]. Nature, 2022, 608 (7923): 483 - 487.

[49] VOGT R. Evidence at last that the proton has intrinsic charm [J]. Nature, 2022, 608 (7923): 477 - 479.

[50] BISHOP C M. Pattern recognition and machine learning [M]. New York: Springer, 2006.

[51] CRITCHLOW T, VAN D K K. Data - intensive science [M]. Boca Raton: CRC Press, 2013.

[52] Hey T, TANSLEY S, TOLLE K. The Fourth Paradigm: Data - intensive Scientific Discovery [M]. Redmond: Microsoft Research, 2009.

[53] KELLING S, HOCHACHKA W M, FINK D, et al. Data - intensive science: a new paradigm for biodiversity studies [J]. Bioscience, 2009, 59 (7): 613 - 620.

[54] LEONELLI S. Introduction: Making sense of data - driven research in the

biological and biomedical sciences [J]. Studies in History & Philosophy of Science Part C Studies in History & Philosophy of Biological & Biomedical Sciences, 2012, 43 (1): 1 –3.

[55] HUANG Z G, DONG J Q, HUANG L, et al. Universal flux – fluctuation law in small systems [J]. Scientific Reports, 2014, 4 (1): 6787.

[56] ANDERSON C. The End of Theory: The Data Deluge Makes the Scientific Method Obsolete [J]. Wired magazine, 2008, 16 (7): 16 – 17.

[57] KITCHIN R. Big Data, new epistemologies and paradigm shifts [J/OL]. Big Data & Society, 2014, 1 (1): 205395171452848 [2023 –03 –22]. https: // doi. org/10. 1177/2053951714528481. DOI: 10. 1177/2053951714528481.

[58] FRICKÉ M. Big data and its epistemology: Big Data and Its Epistemology [J]. Journal of the Association for Information Science and Technology, 2015, 66 (4): 651 –661.

[59] LEONELLI S. What difference does quantity make? On the epistemology of Big Data in biology [J/OL]. Big Data & Society, 2014, 1 (1): 205395171453439 [2023 – 03 – 22]. https: //doi. org/10. 1177/ 2053951714534395. DOI: 10. 1177/2053951714534395.

[60] GIL Y, GREAVES M, HENDLER J, et al. Amplify scientific discovery with artificial intelligence [J]. Science, 2014, 346 (6206): 171 –172.

[61] KITANO H. Artificial intelligence to win the Nobel Prize and beyond: Creating the engine for scientific discovery [J]. Ai Magazine, 2016, 37 (1): 39 –49.

[62] MANNOCCI A, SALATINO A A, OSBORNE F, et al. 2100 AI: Reflections on the mechanisation of scientific discovery [C]. //Recoding Black Mirror @ ISWC'17, Wien, 2017. https: //oro. open. ac. uk/50949.

[63] GLYMOUR C. The Automation of Discovery [J]. Daedalus, 2004, 133

(1)：69 - 77.

[64] WOODWARD J F. Logic of discovery or psychology of invention? [J]. Foundations of Physics, 1992, 22 (2)：17.

[65] BERTOLASO M, STERPETTI F. A Critical Reflection on Automated Science：Will Science Remain Human? [M]. Cham：Springer International Publishing, 2020：11 - 26.

[66] KARPATNE A, ATLURI G, FAGHMOUS J, et al. Theory - guided Data Science：A New Paradigm for Scientific Discovery from Data [J]. IEEE Transactions on Knowledge & Data Engineering, 2017, 29 (10)：2318 - 2331.

[67] STREVENS M. The Knowledge Mmachine：How Irrationality Created Modern Science [M]. First edition. New York：Liveright Publishing Corporation, 2020.

[68] BARBEROUSSE A, BONNAY D, COZIC M, et al. The philosophy of science：a companion [M]. New York：Oxford University Press, 2018.

[69] WINTHER R G. The Structure of Scientific Theories [DB/OL]. The Stanford Encyclopedia of Philosophy, 2021 [2023 - 03 - 24]. https：// plato. stanford. edu/archives/spr2021/entries/structure - scientific - theories.

[70] PUTNAM H. What Theories are Not [J]. Studies in Logic and the Foundations of Mathematics. 1966 (44)：240 - 251.

[71] VAN FRAASSEN B C. The Scientific Image [M]. New York：Oxford University Press, 1980.

[72] VAN FRAASSEN B C. Quantum Mechanics：An Empiricist View [M]. New York：Oxford University Press, 1991.

[73] THOMPSON P. Formalisations of evolutionary biology [M] // GABBAY D

M, THAGARD P, WOODS J. Philosophy of biology. Amsterdam: Elsevier, 2007: 485 – 523.

[74] SUPPES P. Introduction to logic [M]. New York: Van Nostrand, 1957.

[75] HALVORSON H. Scientific Theories [M] //HUMPHREYS P, CHAKRA-VARTTY A, MORRISON M, et al. The Oxford handbook of philosophy of science. New York: Oxford University Press, 2016: 585 – 608.

[76] GIERE R N. Explaining Science: A Cognitive Approach [M]. Chicago: University of Chicago Press, 2010.

[77] GIERE R, FEIGL H. Cognitive Models of Science [M]. Minneapolis: U-niversity of Minnesota Press, 1992.

[78] GIERE R N. The cognitive structure of scientific theories [J]. Philosophy of Science, 1994, 61 (2): 276 – 296.

[79] GIERE R N. Discussion note: Distributed cognition in epistemic cultures [J]. Philosophy of Science, 2002, 69 (4): 637 – 644.

[80] GIERE R N. The problem of agency in scientific distributed cognitive systems [J]. Journal of Cognition and Culture, 2004, 4 (3 – 4): 759 – 774.

[81] GIERE R N. Scientific perspectivism [M]. Chicago: University of Chicago Press, 2006.

[82] GIERE R N. The Role of Psychology in an Agent – Centered Theory of Science [M] //PROCTOR R W, CAPALDI E J. Psychology of Science: Implicit and Explicit Processes. New York: Oxford University Press, 2012: 73 – 85.

[83] NERSESSIAN N J. Creating Scientific Concepts [M]. Cambridge: MIT press, 2010.

[84] NERSESSIAN N J. Modeling practices in conceptual innovation [J]. Scientific concepts and investigative practice, 2012, 3: 245 – 269.

［85］ THAGARD P. The Cognitive Science of Science: Explanation, Discovery, and Conceptual Change ［M］. Cambridge: MIT Press, 2012.

［86］ THAGARD P. Creative combination of representations: Scientific discovery and technological invention ［M］//PROCTOR R W, CAPALDI E J. Psychology of Science: Implicit and Explicit Processes. New York: Oxford University Press, 2012: 389 - 405.

［87］ THAGARD P, STEWART T C. The AHA! experience: Creativity through emergent binding in neural networks ［J］. Cognitive science, 2011, 35 (1): 1 - 33.

［88］ ELIASMITH C. How to Build a Brain: A Neural Architecture for Biological Cognition ［M］. New York: Oxford University Press, 2013.

［89］ LAKOFF G, NUNEZ R. Where Mathematics Comes From ［M］. New York: Basic Books, 2000.

［90］ WIGNER E P. The Unreasonable Effectiveness of Mathematics in the Natural Sciences ［M］//MICKENS R E. Mathematics and Science. Singaore: World Sicentific Publishing, 1990: 291 - 306.

［91］ COLYVSN M. The miracle of applied mathematics ［J］. Synthese, 2001, 127: 265 - 277.

［92］ PINCOCK C. A revealing flaw in Colyvan's indispensability argument ［J］. Philosophy of Science, 2004, 71 (1): 61 - 79.

［93］ SILVA J J. Structuralism and the applicability of mathematics ［J］. Axiomathes, 2010, 20 (2 - 3): 229 - 253.

［94］ BAKER A. The indispensability argument and multiple foundations for mathematics ［J］. Philosophical Quarterly, 2003, 53 (210): 49 - 67.

［95］ LENG M. What's wrong with indispensability? ［J］. Synthese, 2002, 131: 395 - 417.

[96] PINCOKE C. A new perspective on the problem of applying mathematics [J]. Philosophia Mathematica, 2004, 12 (2): 135 - 161.

[97] BUENO O, COLYVAN M. An inferential conception of the application of mathematics [J]. Noûs, 2011, 45 (2): 345 - 374.

[98] FIRAT S. Mathematical cognition as embodied simulation [J]. Proceedings of the annual conference of the cognitive science society, 2011, 33 (33): 1212 - 1217.

[99] FARD A. Reification as the birth of metaphor [J]. For the learning of mathematics, 1994, 14 (1): 44 - 55.

[100] NUNEZ R. Numbers and arithmetic: Neither hardwired nor out there [J]. Biological Theory, 2009, 4 (1): 68 - 83.

[101] VOORHEES B. Embodied mathematics [J]. Journal of Consciousness Studies, 2004, 11: 83 - 88.

[102] JANTZEN B C. Discovery without a 'logic' would be a miracle [J]. Synthese, 2016, 193 (10): 3209 - 3238.

[103] WILLIAMSON J. The Philosophy of Science and its relation to Machine Learning [M] //GABER M M. Scientific Data Mining and Knowledge Discovery. Berlin, Heidelberg: Springer, 2009: 77 - 89.

[104] VASWANI A, SHAZEER N, PARMAR N, et, al. Attention is All you Need [J]. Advances in neural information processing systems, 2017 (30): 5998 - 6008.

[105] CORNELIO C, DASH S, AUSTEL V, et, al. Combining data and theory for derivable scientific discovery with AI - Descartes [J]. Nature Communications, 2023, 14 (1): 1777.

[106] BOIKO D A, MACKNIGHT R, GOMES G. Emergent autonomous scientific research capabilities of large language models [DB/OL]. arXiv, 2023

［2023－05－12］. https：//arxiv. org/abs/2304. 05332.

［107］LIN Z, AKIN H, RAO R, et, al. Evolutionary－scale prediction of atomic－level protein structure with a language model［J］. Science, 2023, 379 (6637)：1123－1130.

［108］SCHAFFNER K F. Nineteenth－Century Aether Theories［M］. New York：Pergamon Press, 1972.

［109］MICHELSON A A, MORLEY E W. On the relative motion of the Earth and the luminiferous ether［J］. American Journal of Science, 1887, s3－34 (203)：333－345.

［110］BRADLEY J. IV. A letter from the Reverend Mr. James Bradley Savilian Professor of Astronomy at Oxford, and F. R. S. to Dr. Edmond Halley Astronom. Reg. &c. giving an account of a new discovered motion of the fix'd stars［J］. Philosophical Transactions of the Royal Society of London, 1728, 35 (406)：637－661.

中文文献

［1］卡尔纳普. 科学哲学导论［M］. 张华夏, 李平, 译. 北京：中国人民大学出版社, 2007.

［2］内格尔. 科学的结构［M］. 徐向东, 译. 上海：上海译文出版社, 2002.

［3］CODATA 中国全国委员会. 大数据时代的科研活动［M］. 北京：科学出版社, 2014.

［4］榛, 坦思利, 托尔, 等. 第四范式：数据密集型科学发现［M］. 潘教峰, 张晓林, 译. 科学出版社, 2012.

［5］张晓强, 蔡端懿. 大数据对于科学研究影响的哲学分析［J］. 自然辩证法研究, 2014 (11)：123－126.

［6］黄欣荣. 大数据对科学认识论的发展［J］. 自然辩证法研究, 2014

（9）：83 – 88.

［7］王东，吴彤．科学哲学的认知进路研究：现状与问题［J］．哲学动态，
2016（5）：98 – 103.

［8］王东．数学可应用性的一种认知解释——以自由落体方程为例［J］．
自然辩证法研究，2014（04）：35 – 40.

［9］叶峰．二十世纪数学哲学——一个自然主义者的评述［M］．北京：北
京大学出版社，2010.

［10］陈嘉映．语言哲学［M］．北京：北京大学出版社，2003.